Rue du Jardin des Plantes

La Rivière

LE

GRAND ŒUVRE

DE

L'AGRICULTURE.

PROMENADES

AU

JARDIN DES PLANTES,

A LA MÉNAGERIE

ET DANS LES GALERIES

DU MUSÉUM D'HISTOIRE NATURELLE,

CONTENANT des Notions claires, et à la portée des Gens du monde, sur les végétaux, les animaux et les minéraux les plus curieux et les plus utiles de cet Établissement.

Ouvrage principalement destiné aux Personnes qui le visitent.

PAR J. B. PUJOULX.

TOME PREMIER.

JARDINS, SERRES, etc. — PARCS, MÉNAGERIES. — SALLE DU RÈGNE VÉGÉTAL. — GALERIES DES MINÉRAUX. — SALLE DES FOSSILES.

———

A PARIS,

A LA LIBRAIRIE ÉCONOMIQUE,

Rue de la Harpe, N° 117.

DE L'IMPRIMERIE DE GUILLEMINET.

AN XII—1803.

EXPLICATION DU PLAN.[1]

a — Bâtiment principal des galeries du Muséum.

b — Logement de Buffon.

c — Allée principale, qui se prolonge dans toute la longueur du jardin.

d — Parterres.

e — Jardin fermé destiné à recevoir des plantes étrangères dans la belle saison. Le bâtiment du fond est une orangerie, dans

---

[1] Ce plan n'ayant été levé qu'afin de présenter dans un petit espace les positions des différentes parties du jardin et des bâtimens, on s'est plus attaché à indiquer avec clarté les parties les plus importantes que l'on doit visiter, qu'à tracer avec une minutieuse exactitude les mesures des surfaces et des petites distances.

La première et la seconde Promenades présentant avec quelque détail la destination des diverses parties du jardin et des bâtimens, cette *explication*, en rappelant les lettres placées sur le plan, ne doit donc être considérée que comme une indication sommaire propre à donner une idée de l'ensemble.

laquelle se fait annuellement le cours de culture et de naturalisation des végétaux.

f — Trois serres séparées, dans l'une desquelles est placé le grand cierge du Pérou.

g — Orangeries anciennes ; l'une d'elles est réservée aux plantes grasses.

h — Jardin de l'*École*.

i — Principales serres du Muséum.

j — Cèdre du Liban, à l'entrée du coteau des arbres verts.

k — Belveder placé au sommet d'un labyrinthe.

l — Colonne élevée à la mémoire de Daubenton.

m — Laiterie.

n — Volière renfermant des oiseaux étrangers.

o — Bâtiment de l'administration, avec des magasins considérables d'objets d'histoire naturelle.

p — Amphithéâtre où se font la plupart des cours publics du Muséum.

q — Bâtiment dont le fond, situé entre la

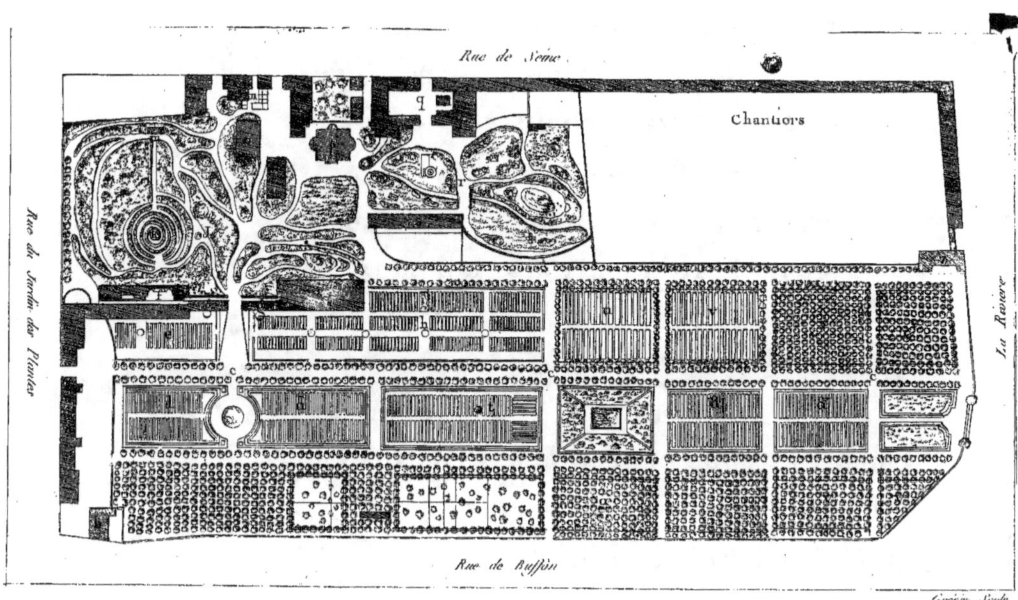

Rue de Seine
Chantiors
Rue du Jardin des Plantes
La Rivière
Rue de Buffon
Guérin, Sculp.

cour appelée de la Régie et la rue de Seine,
contient des loges d'hiver pour des animaux distribués, pendant la belle saison,
dans diverses parties de la ménagerie.

Le premier étage de la partie de ce bâtiment donnant sur le jardin contient les
salles où sont rangées les collections re-
latives à l'anatomie comparée des divers
animaux. Le rez-de-chaussée à droite est
occupé par les éléphans.

r — Plusieurs parcs et enclos avec de petites
fabriques renfermant des animaux, et
faisant partie d'un plan général de ménagerie.

s — Grand bâtiment dont la face, située au
midi, est une belle orangerie. Plus bas,
et au-devant, sont les couches.

t — Maisonnette aux abeilles.

u — École des arbres fruitiers.

v — École des plantes d'usage dans l'économie rurale et domestique.

x — Grand bassin carré destiné principalement aux oiseaux nageurs.

y — Bosquets d'arbres, la plupart exotiques, aujourd'hui naturalisés.

z — Bâtiment appelé la *Ménagerie*, parce qu'il contient les loges des principaux animaux vivans.

&c. — Parterre où beaucoup de plantes destinées à l'étude ne sont point rangées méthodiquement.

æ — Enclos propre à l'étude des arbres toujours verts.

AVERTISSEMENT.

On a fait observer, dans la III.e Promenade, en terminant la visite des animaux vivans (page 168) que, quels que soient ceux que l'on ajoutera par la suite à la ménagerie du Muséum, on trouvera toujours, dans l'un ou l'autre volume, des descriptions qui compléteront cette Promenade : c'est afin de faciliter ces recherches, que l'on a mis à la fin de chaque tome une table alphabétique des noms des animaux, des végétaux et des autres objets qui y sont décrits.

Par exemple, *l'ichneumon* et la *marmotte*, qui étaient dans de petites loges placées au-devant du parc des kanguroo, viennent d'être transférés à la ménagerie située sur la terrasse de la rivière : un coup d'œil jeté sur la table indiquant que leur description se trouve aux pages 130 et suivantes, on conçoit que les promeneurs pourront les suivre en quelque lieu qu'on les transporte; et cette observation est également applicable aux autres animaux que des circonstances particulières ou la variation des saisons obligeront de placer dans des loges d'hiver.

PROMENADES
AU MUSÉUM
D'HISTOIRE NATURELLE.

INTRODUCTION.

Plan et Utilité de l'Ouvrage. — Motif qui le fait publier. — Apperçu de la grande quantité de végétaux, d'animaux vivans ou conservés, d'échantillons de fossiles et de minéraux, de variétés de bois, de fruits, etc. que le jardin, les serres et les galeries du Muséum renferment.

Depuis plusieurs années je me suis fait une habitude, devenue maintenant un besoin, d'aller visiter, durant les mois de printemps et d'été, le Jardin des Plantes, ainsi que les divers établissemens qu'il renferme, et qui sont consacrés aux différentes parties de l'his-

toire naturelle. J'aime à revoir ces
végétaux que j'ai vus tant de fois; et,
quand même chaque année ne m'of-
frirait pas de nouvelles richesses, j'aimerais encore à chercher dans ceux
que je connais quelques variétés, jusqu'ici inapperçues; j'aimerais à voir
s'ils sont toujours aussi robustes, aussi
brillans, et sur-tout à m'assurer si
quelques plantes étrangères, utiles pour
nos climats, commencent à se faire
à notre sol, à notre température; je
vais enfin visiter ces êtres avec l'intérêt qu'on met à savoir si des hôtes
que l'on chérit se plaisent dans leur
nouvelle demeure.

Les galeries du Muséum d'Histoire
Naturelle excitent en moi à peu près
les mêmes sentimens; je visite ce vaste
et magnifique dépôt de nos richesses
zoologiques et minéralogiques avec le
même plaisir, avec le même intérêt
que s'il m'appartenait, et, dans le fait,
quand cette galerie serait à moi seul,

me procurerait-elle d'autres jouissances? Et, s'il me fallait choisir des gardiens, des dépositaires, des démonstrateurs de tous ces trésors, ne choisirais-je pas ces hommes célèbres à qui la voix publique et le gouvernement ont confié ces précieux emplois?

Avec quel plaisir, depuis quelques années, je visite particulièrement cette ménagerie, il y a peu de temps presque déserte, aujourd'hui peuplée des espèces les plus curieuses, et qui devient le berceau d'animaux naturellement féroces, étonnés de voir des hommes en ouvrant les yeux à la lumière! C'est là sur-tout que je vais corriger ces esquisses, toujours imparfaites, que le dessin nous offre, et voir l'individu animé qu'il appartenait au génie de Buffon de nous peindre.

Et qu'on ne croie pas que je me promène seul dans ces belles allées, dans ces sentiers où chaque pas m'offre une plante nouvelle! Sans doute il est doux de rêver silencieusement à un objet qui nous a frappés; mais il est plus doux peut-être de communiquer ses sensations et de doubler ainsi ses jouissances. Je ne fais donc jamais seul ces agréables promenades; un ancien ami est toujours de moitié dans ces intéressantes visites; et, cet ami, c'est ma femme qui partage mes goûts, et qui, en faisant avec moi un échange sans cesse renouvelé d'observations et de réflexions, donne une couleur, des formes pour ainsi dire nouvelles aux objets; car, plus je vois, mieux je me convaincs de cette vérité, que c'est la manière de voir dans les sciences qui fait le principal mérite de la science, et sans doute le véritable charme de l'étude.

Dès long-temps j'avais fait un petit itinéraire qui servait à nos promenades, et que je pouvais, au besoin, communiquer à quelques amis. Chaque année, j'ajoutais des détails sur les plantes les

plus intéressantes, ou les objets les plus
curieux des galeries du Muséum ; et,
ce manuel se grossissant à mesure que
mes connaissances s'étendaient ou que
le nombre des plantes précieuses, des
minéraux et des animaux s'augmen-
tait, mon cahier, d'abord fort petit,
devint un volume considérable et méthodique, qui contenait une notice assez
claire des objets les plus curieux que
renferme ce vaste dépôt, l'un des plus
riches de l'Europe.

C'est dans cette notice, dans les ouvrages et les entretiens des meilleurs
naturalistes, et dans mes propres observations, que j'ai puisé les matériaux
qui m'ont servi à composer, il y a
quelques années, un petit ouvrage élémentaire qui a eu beaucoup de succès;
et c'est aussi le succès de cet ouvrage
qui a engagé un libraire à me demander
mon itinéraire du Jardin des Plantes et
du Muséum : mais j'ai pensé qu'il valait
mieux, avant tout, pressentir le goût

du public par une esquisse très-abrégée de ce dernier ouvrage [1] destiné aux gens du monde, et dans lequel je me suis borné à indiquer les plantes les plus utiles, les plus curieuses, ainsi que la partie du jardin et des serres où elles se trouvent, en donnant sur chacune d'elles des notions qui puissent faire connaître leurs propriétés, leur utilité, et en suivant également cette marche pour la ménagerie et les galeries du Muséum.

L'expérience m'a prouvé qu'un ouvrage descriptif serait peut-être plus utile pour le Muséum d'Histoire Naturelle, que ne l'est, pour les galeries de peinture, la notice des tableaux qu'elles renferment ; car, chaque fois que je parcours quelque partie des salles où

---

[1] Les changemens faits dans l'arrangement des plantes de cette partie du jardin appelée *Jardin de l'École* et dans les galeries des minéraux en ont retardé la publication.

sont rangés les minéraux ou les animaux, et que, tenant un crayon à la
main, je m'occupe à prendre des notes,
dix curieux s'adressent à moi, soit pour
savoir le nom vulgaire de tel animal,
qui n'est désigné que sous un nom scientifique, soit pour avoir quelques détails
sur ses habitudes, son pays; et j'avoue
qu'alors je forme des vœux pour qu'un
ouvrage clair et précis délivre les autres et moi de ces questions, qui, trop
répétées, se changent en importunités.

Nul doute d'ailleurs que les sociétés
qui sont accompagnées, dans la visite
du jardin et des galeries, par une personne qui a assez de connaissances en
histoire naturelle pour leur décrire
rapidement les principaux objets,
n'aient des jouissances beaucoup plus
vraies, que ces promeneurs isolés
qui ne voient dans l'oiseau le plus
intelligent que son plumage, et dans
le métal le plus utile que le brillant de
ses reflets. Ce que fait le naturaliste

qui conduit une compagnie au Muséum est précisément ce que je me propose de faire dans ce petit ouvrage, avec cette différence que la compagnie peut, en sautant d'un chapitre ou d'une promenade à l'autre, passer des oiseaux aux insectes, de ceux-ci aux madrépores, ou même descendre dans les salles des minéraux, et tout cela en tournant quelques feuillets, ce qui ne serait pas poli de sa part, si je l'accompagnais en personne.

Comme il y a plusieurs années que je fréquente ces galeries; il y a déjà long-temps que je connais, non seulement les divisions qu'on y a adoptées, mais encore chacun des animaux, des échantillons de minéraux et autres objets qu'elles renferment : tel est même le travail minutieux que j'ai fait en les étudiant pour comparer et coordonner diverses méthodes, qu'au moyen de mes notes et des plans figurés que j'ai tracés, je pourrais de mon cabinet in-

diquer avec tant de précision la place,
l'armoire, la tablette qu'occupe un minéral, un quadrupède, un oiseau, etc.
qu'une personne qui n'aurait jamais été
au Muséum trouverait facilement un
objet quelconque, et cela sur plus de
soixante mille que renferme cet immense dépôt : ceci d'ailleurs ne peut
paraitre extraordinaire qu'aux personnes qui, ne cultivant pas les sciences
naturelles, ignorent que les amis de
ces sciences ont l'habitude de ces arrangemens prétendus minutieux, et de
ces classifications, sans lesquelles il
serait impossible d'acquérir des connaissances étendues.

En divisant ce petit ouvrage en promenades, j'ai tâché de calculer la longueur de chacune sur le temps que
l'on y emploie ordinairement, et j'ai
dû, en conséqence, résister au charme
que j'aurais pu éprouver, comme naturaliste, à décrire certains objets qui
prêtent aux développemens : mais on

concevra facilement que, dans l'espace de quelques heures, on ne peut qu'effleurer les principales beautés de ce brillant dépôt des sciences naturelles, lorsqu'on saura que le Jardin des Plantes, les orangeries et serres contiennent aujourd'hui plus de 6,000 espèces de végétaux ; que les herbiers classés par plusieurs botanistes célèbres, et ceux envoyés récemment par le capitaine Baudin, en contiennent trois fois davantage de très-bien conservées, et qui reçoivent un nouveau prix des savans qui les ont recueillies dans les différentes parties du monde.

Que la salle destinée aux quadrupèdes conservés, offre une suite de plus de 400 individus.

Que la collection des oiseaux, la plus brillante de l'Europe, en contient plus de 2,000 ; que les reptiles et les poissons remplissent plus de 600 bocaux ; que les coquilles, les insectes, vers, oursins, madrépores forment une suite de plus de 9,000 espèces ou variétés, et que les salles destinées aux minéraux, aux fossiles, aux bois, aux fruits, etc., contiennent plus de 20,000 échantillons.

Que serait-ce donc si on joignait à ces détails des notions sur les objets relatifs à l'étude de l'anatomie comparée déposés dans des salles particulières, ainsi qu'une foule d'autres objets précieux qui n'ont pu trouver place dans les galeries publiques et que l'on garde dans les magasins, enfin sur les dessins coloriés, les peintures sur vélin, rangés dans la bibliothèque, et qui représentent des objets des trois règnes, pour l'imitation desquels l'art a en quelque sorte rivalisé la nature? Il me suffira de dire qu'en réunissant ces diverses nomenclatures, le simple tableau alphabétique de ces objets, sans explication, formerait plus de cinq volumes, in-8°, qui contiendraient au moins cent mille articles, sans compter

les phrases caractéristiques et distinc-
tives de chaque espèce ou variété.

Cet apperçu, qu'il n'était peut-être
pas inutile de présenter pour faire ap-
précier la richesse de cet établissement
par ceux même qui ne sont pas en état
de sentir toute son utilité ; cet apperçu
suffira pour faire concevoir qu'un ouvrage descriptif destiné aux amis de
l'histoire naturelle ne peut contenir,
pour être de quelque utilité entre les
mains des personnes qui visitent ces
dépôts, que les indications les plus importantes, accompagnées de notions
claires et exactes, présentées avec assez
d'ordre pour en faciliter la recherche :
aussi ma première idée fut-elle de
donner à ce petit ouvrage le titre de
*Guide de l'Amateur au Jardin des
Plantes et au Muséum*, et je ne me
suis fixé à celui de *Promenades*, que
parce qu'il a peut-être moins de pré-
tention, et convient mieux au style familier que je me suis proposé d'a-

dopter dans les ouvrages de ce genre.

Il faut donc que le lecteur se persuade que j'agis avec lui comme j'ai agi plusieurs fois avec des amis, qui, sachant que j'aime l'histoire naturelle, m'ont engagé à les conduire, soit au jardin, soit dans les galeries, soit enfin dans les différentes parties de ce précieux établissement; où, tout en nous promenant, je cherchais à fixer leur attention sur les plantes, les minéraux, les animaux vivans ou conservés qui me paraissaient dignes de quelques remarques particulières.

On sent que ce n'est ici ni un ouvrage de littérature, ni un livre de science : il peut bien être de quelque utilité pour les littérateurs qui ne sont pas naturalistes; mais certainement il ne sera pas lu par les savans, auxquels il n'apprendrait rien; car, je le répète, mon but n'a été que de le rendre agréable et instructif pour les gens du monde des deux sexes, et de tout âge, qui veulent tirer un.peu de fruit de leurs visites au Jardin des Plantes, à la Ménagerie et aux Galeries du Muséum. Ainsi j'aurai rempli mon but *si* mes *Promenades* contribuent à rendre les leurs et plus intéressantes, et en quelque sorte plus utiles.

PREMIÈRE PROMENADE.

Entrée au Jardin. — Idée générale sur la destination des parterres et bâtimens qui se présentent en entrant ; sur l'utilité et la distribution des orangeries, des serres et de la partie appelée le Jardin de l'École. — Notions sur les plantes les plus utiles et les plus curieuses que l'on peut voir dans les orangeries, les serres et le Jardin de l'École.

JE suppose qu'en entrant dans le jardin on a lu ce qui précède, qu'on y est arrivé par la rue du Jardin des Plantes, c'est-à-dire, par la porte qui tient au bâtiment des Galeries d'Histoire Narelle : ainsi nous voilà à l'entrée de la grande allée de tilleuls de Hollande, qui fait face à cette porte, et se prolonge jusqu'à la terrasse de la rivière. [1]

---

[1] On peut considérer cette allée, qui est la principale du jardin, comme se prolon-

Prenons une connaissance générale de ce beau jardin, qui réunit à la coupe régulière des jardins français quelques parties pittoresques des jardins chinois, que l'on nomme anglais, et qui, sans offrir rien de trop monotone dans son dessin, ou de trop vague dans ses sites, renferme un très-grand nombre de plantes différentes, rassemblées de toutes les parties du monde, et classées avec un tel soin, qu'une heure suffit pour connaître l'ordre dans lequel elles sont rangées, et trouver, sur la simple indication, soit de son nom vulgaire, soit de son nom scientifique, celle que l'on desire.

Mais, comme nous ne voulons pas nous occuper en détail des végétaux, puisqu'il faudrait, avant tout, s'arrêter à des notions élémentaires de botani-

---

geant à peu près du couchant au levant, qui est le sens de la longueur du Jardin des Plantes.

que , qui ralentiraient nos Promenades, pénétrons-nous bien de la distribution du jardin , et jetons un coup d'œil en passant sur les plantes les plus curieuses.

En entrant dans la grande allée, nous avons à notre droite un parterre assez vaste , et dans lequel on a réuni un grand nombre de plantes, la plupart plus qu'annuelles (c'est - à - dire dont la tige périt , mais dont la racine , subsistant plus d'une année , produit une nouvelle tige) : chaque espèce particulière occupe des portions assez considérables de plates-bandes. A notre gauche , un autre parterre est destiné à recevoir un grand nombre de végétaux , dont plusieurs sont exotiques ou étrangers : le bâtiment, qui est au fond, sert à les abriter pendant les froids , et l'on y entretient une chaleur constante pendant la fin de l'automne , l'hiver et le commencement du printemps. C'est aussi dans ce bâtiment que se fait tous les ans , dans l'été, un cours du plus grand intérêt , et dont je parlerai dans la IVe Promenade. Derrière ce bâtiment, il y a trois serres-chaudes, qui n'en sont séparées que par une petite cour.

En suivant toujours l'allée , nous nous trouvons en face d'un chemin qui monte à notre gauche, et à chaque côté duquel se présente un bâtiment , dont tout le devant est vitré : ces deux bâtimens sont des *orangeries :* on donne ce nom , non seulement aux salles destinées à recevoir des orangers , mais encore à toutes celles où l'on met dans l'hiver des plantes qui n'ont besoin que d'une chaleur modérée, et qui est indiquée sur les thermomètres ordinaires.

En avançant un peu , nous nous trouvons vis-à-vis la partie la plus précieuse de ce bel établissement : ce parterre entouré de grilles , et dont toutes les plates-bandes sont hérissées de branches de fer portant des étiquettes, est ce qu'on nomme le *Jardin de l'É-cole.* [1] Les plantes sont rangées là suivant la méthode des familles naturelles de B. de Jussieu, améliorée par son neveu et par Desfontaines, tous deux Professeurs de Botanique au Muséum : cette dénomination de familles naturelles indique assez que les végétaux que l'on a réunis dans un même ordre, ou une même famille, se ressemblent par un grand nombre de caractères apparens : malheureusement, il n'y a guère qu'un certain nombre de ces familles réellement naturelles, les

---

[1] Il y a des portes aux grilles de chacune des faces du jardin ; celle qui est près du chemin montant où nous nous trouvons, et qu'on peut appeler la porte du Couchant, est celle qui est le plus habituellement ouverte. C'est aussi par les plates-bandes de ce côté que commence l'arrangement méthodique des plantes, après toutefois qu'on a suivi la plate-bande qui se prolonge dans le sens de a longueur du Jardin de l'École.

autres sont formées de plantes que la science a rapprochées, à cause de la position de quelques-unes de leurs parties, mais qui n'ont pas entre elles cette ressemblance générale, cette physionomie de parenté, si je puis m'exprimer ainsi, qui, au premier aspect, frappe l'amateur. Quoi qu'il en soit, cette méthode, qui a été essayée dans les jardins de Trianon dès 1759, est une des meilleures qui existent.

Le Jardin de l'École a reçu depuis peu une amélioration sensible : un grand nombre de plantes y ont été ajoutées, et certaines familles ont été rapprochées les unes des autres, d'après les observations faites par les deux professeurs que je viens de nommer.

Cette partie du jardin étant particulièrement destinée à l'étude, elle n'est pas précisément publique : de nombreuses compagnies ne pourraient la traverser, sur-tout avec des enfans ou des personnes peu discrètes ; mais, le matin, à l'heure où les promeneurs sont en petit nombre, on est libre d'y venir visiter cette foule de plantes curieuses, par leurs formes, par leur utilité ou par leurs singulières propriétés. L'instruction étant donnée aux frais de l'État, il suffit d'avoir le desir de s'instruire, pour avoir en quelque sorte le droit d'entrer dans le Jardin de l'École : il est ouvert depuis sept heures du matin jusqu'au coucher du soleil.

Sans doute on n'attend pas que, dans cette Promenade rapide, je décrive les principales plantes de ce riche parterre : une description très-abrégée demanderait seule un gros volume. Je puis seulement prévenir les personnes qui achètent au hasard d'anciens livres d'histoire naturelle et de botanique de se défier de ces vertus merveilleuses et si multipliées que l'on attribue à la plupart des plantes. La médecine, plus éclairée maintenant par la botanique même et par la chimie, se défie de ces propriétés universelles ; elle se défie sur-tout de ces plantes vénéneuses, dont l'usage est presque toujours dangereux, s'il n'est dirigé par une main habile : et les médecins qui aujourd'hui ne connaissent que l'ellébore pour la guérison de la folie sont mis eux-mêmes dans la classe des fous.

Le Jardin de l'École n'est agréable à visiter que pendant les plus beaux mois de l'année, parce que ce n'est qu'alors seulement que les plantes des climats chauds, que l'on conserve ordinairement dans les serres, sont placées à leurs étiquettes, et que les autres, c'est-à-dire, celles qu'on a plantées à demeure, et qu'on y sème annuellement, sont revêtues de leur feuillage varié et parées de leurs fleurs.

Les serres-chaudes sont aussi curieuses à visiter, et plus curieuses même que le Jardin de l'École : d'ailleurs, ces jardins fermés, dont la température est toujours égale, offrent en tout temps de la verdure, et beaucoup de plantes y sont aussi belles en hiver que pendant l'été.

Tous ces bâtimens dont les vitrages sont inclinés sont des serres. J'ai dit qu'il y en avait trois autres petites derrière le bâtiment qui est à droite en entrant. Les *serres* diffèrent des orangeries, en ce que l'on y entretient une température plus élevée : c'est ce qui fait que, dans les premiers beaux jours, on passe, de la serre dans l'orangerie, les plantes destinées à être mises dans le Jardin de l'École ou ailleurs, afin qu'une exposition trop brusque à l'air libre ne nuise point à leur végétation. On sent bien que les plantes des climats très-chauds ne peuvent jamais quitter la serre, parce que les nuits fraîches suffiraient pour les faire périr.

Dans l'été, un grand nombre de plantes sont réunies en haie au-dessous des serres : ce sont des doubles de celles qui sont rangées à leur classe : elles sont destinées, soit à remplacer celles qui périssent, soit à faire des échanges avantageux avec les personnes qui possèdent des végétaux dont les espèces n'existent pas au Muséum.

Quand on desire visiter les serres, un garçon jardinier est chargé de les montrer : il est inutile de dire que l'on exige beaucoup de prudence de la part des personnes que l'on y conduit ; et cela est bien juste, puisque c'est un dépôt dont les richesses sont destinées à améliorer toutes nos connaissances dans l'agriculture, dans la médecine et dans les arts. D'ailleurs, cette prudence, soit dans le Jardin de l'École, soit dans les serres, lorsqu'on approche de végétaux inconnus, serait utile sous un autre point de vue : un enfant peut cueillir en passant de petits fruits dont la couleur vermeille rappelle celle de la cerise, et qui cependant recèlent un poison actif : tels sont ceux de plusieurs plantes de la famille des solanées. D'autres végétaux , dont le nom est familier à tout le monde, et qui par cela même n'excitent aucun défiance, sont aussi dangereux. Ainsi, par exemple, les renoncules sont généralement vénéneuses, et , parmi elles , se trouvent au Jardin de l'École celles surnommées *petite douve* et *bulbeuse*, et la renoncule *thora* , dont on prétend que les anciens se servaient pour empoisonner leurs flèches. Il y a même des végétaux dont il suffit de mordre la feuille , ou seulement de l'écraser entre ses doigts, pour que le suc produise des pustules. C'est ce dont j'ai été témoin sur un jeune homme qui , en passant auprès d'un *sumac*, (*rhus toxicodendron*) en prit une feuille, et la porta involontairement à sa bouche. Je cite cet exemple de préférence, parce que ce petit arbre n'a point l'aspect vénéneux ; le *sumac* ou *fustet des corroyeurs* , ainsi nommé parce que son écorce est très - bonne pour tanner les cuirs, n'est pas moins dangereux que l'autre, non loin duquel il est placé ; car, non-seulement ses jeunes rejetons sont vénéneux, mais encore ses petits fruits sont un poison qui cause, soit aux hommes, soit aux animaux, des convulsions, et souvent la mort.

Pendant le dernier mois de printemps et les trois mois d'été, qui sont ceux où le Jardin de l'École est le plus complet, on peut y avoir une foule de plantes curieuses.

Les serres offrent des doubles de la plupart de ces plantes et de beaucoup d'autres, dont plusieurs, dans la belle saison, se placent sur les terrasses, dans la cour qui est au-devant des trois petites serres dont j'ai déja parlé, et dans diverses parties du jardin où elles servent d'ornement. Une de ces serres toute entière est remplie par la récolte que le capitaine Baudin a faite dans son dernier voyage; et sans doute le voyage qu'il fait maintenant autour du globe enrichira encore la botanique : si l'on en juge par l'envoi qu'il vient de faire par la corvette le *Naturaliste* de deux boites de graines et de soixante bailles ou demi-barils de plantes embarquées vivantes, sans compter douze caisses de plantes desséchées et préparées pour l'herbier, et qui ont été ramassées aux Moluques et à la Nouvelle Hollande.

Le botaniste qui visite les serres ne les voit pas du même œil que l'amateur : ce dernier s'attache aux végétaux dont les produits lui sont connus, ou bien à ceux dont le port ou la fleur présente quelque particularité : parmi les premiers il verra avec plaisir deux espèces de bananiers, arbres communs en Asie et en Afrique, et qui produisent un fruit agréable, à-peu-près semblable au concombre ; les feuilles de l'un (du *bananier de Paradis* ou *à grand fruit*), étant très-grandes, l'ont fait surnommer impropre-

ment *figuier d'Adam*, parce qu'une de
ces feuilles suffit pour couvrir presque entièrement un homme ; l'espèce
de *palmier* qui donne les *dattes*,
autre arbre non moins précieux pour
ces deux parties du monde, et qui
croît aussi dans les contrées chaudes
de l'Europe : le bois, la touffe de
jeunes pousses qui surmonte le tronc,
les feuilles, les touffes filamenteuses
qui entourent les grappes, le noyau
même du fruit, tout a une destination
plus ou moins utile; non loin de là le
palmier (*cycas*) dont la moelle donne
le *sagou*, substance nourrissante fort
estimée des habitans des Isles Moluques; il verra avec le même intérêt
le *cocotier*, dont le fruit offre tant de
genres d'utilité, puisque l'intérieur
renferme un liqueur laiteuse, rafraî-
chissante, et que la pulpe, fort agréable au goût, qui la contient, est entourée d'une substance avec laquelle
on fait des cordages, et recouverte

d'une enveloppe qui sert de coupe; le *cacaoyer*, qui produit l'amande dont nous faisons le chocolat; les *cotoniers* ou plantes qui produisent le *coton*, et dont on compte plusieurs espèces; *le lin de la Nouvelle Zélande* qu'on espère pouvoir cultiver en France sur les bords de la mer, ce qui mettrait en valeur des terrains considérables couverts de sables arides : le produit de cette plante donne des fils solides, dont nous verrons des échantillons dans la salle du règne végétal; le *caffeyer* ou *caffé*, dont on peut voir même les fruits, puisqu'ils mûrissent quelquefois dans nos serres : ces fruits, qui contiennent deux semences ou graines de café, maintenant d'un usage si général, se présentent sous l'aspect et la couleur de petites cérises qui, dans cet état, sont une espèce de poison; l'arbre des Antilles (*mamea*), qui produit le fruit vulgairement et improprement nommé *abricotier de Saint-*

Domingue, et dont les habitans du pays font une liqueur fort agréable, appelée *créole;* le *cannelier*, dont tout le monde connaît l'écorce, qui est la cannelle; le *poivrier*, dont les semences sont d'un si grand usage pour l'assaisonnement; la *canne à sucre*, assez semblable à nos roseaux, et dont le suc épaissi et préparé, est devenu en Europe un objet de première nécessité; le *riz*, qui est de la même famille, mais dont la plante est plus connue, parce qu'une espèce est cultivée dans une partie de la France; parmi les *térébinthes*, qui, presque tous, produisent des résines estimées, on remarquera celui de *chio*, dont la térébenthine si renommée porte le même surnom, et le *pistachier de Malte*, dont l'amande est employée par les confiseurs et les cuisiniers; le *jujubier* dont le fruit, agréable et sain lorsqu'il est récent, est employé dans beaucoup de maladies quand il est deséché.

L'arbre à suif, qui croît naturellement à la Chine, et dont le fruit,
broyé et bouilli dans l'eau, donne une
substance blanche avec laquelle on fait
de bonnes chandelles ; le *camphrier*,
espèce de laurier dont le produit est si
utile en médecine ; la *rhubarbe*, qui
est maintenant naturalisée en Europe ;
le *panax* ou *ginseng*, plante dont on
fait peu de cas en France, mais aux
racines de laquelle certains peuples,
et particulièrement les Chinois, attribuent des propriétés merveilleuses ;
le *cecropia*, arbre de la Jamaïque,
qu'on a nommé aussi *bois trompette*,
à cause de ses tiges noueuses et creuses,
et auquel les habitans du lieu où il croît
attribuent des propriétés aussi extraordinaires ; *l'indigotier*, plante qui nous
donne, par la fermentation, cette substance colorante avec laquelle on obtient
le plus beau bleu ; la *guède* ou *pastel*,
beaucoup plus connue en France, et
dont on retire une couleur moins esti-

mée; la *sanguinaire* du Canada, qui, en la pressant, donne un suc jaune dont les Américains se teignent le corps; le *rocou*, dont on nous apporte, de l'Inde et de l'Amérique, la graine réduite en pâte, et que nous employons dans la teinture en jaune aurore; la *gaude*, espèce de réséda très-facile à cultiver, et qui sert à teindre en jaune; le *baobab*, qui est petit dans les serres, et qui, dans son pays natal, parvient jusqu'à cent vingt pieds de tour, et vit plus de cinq mille ans; et près de là, dans la même famille, le *thé*, qui se cultive particulièrement à la Chine : on s'arrêtera sans doute aussi devant le *cassier* dont les gousses dures et alongées, appelées casses, contiennent une pulpe d'un grand usage dans certaines maladies; le *séné*, qui est du même genre que ce dernier, et dont les follicules sont un purgatif fort connu; le *tamarinier*, dont le fruit est aussi employé en médecine; l'espèce *d'arachide* appelée *pistache de terre*, dont le fruit mûrit en effet dans la terre, et dont les semences, bonnes au goût, donnent une huile agréable, qui sera d'un grand secours lorsque la culture de cette plante, essayée avec succès dans des terrains arides et sablonneux, sera plus généralement répandue.

Le *mahogon*, dont le bois maintenant fort recherché, est improprement nommé *acajou*, tandis que l'arbre auquel appartient ce dernier nom est connu par ses semences d'un beau gris, vulgairement nommées noix *d'acajou*; *l'abrus*, dont les petites semences, d'un beau rouge marquées de points noirs, ont été employées en France, depuis quelques années, à faire des colliers et des bracelets; le *mancenillier*, trop célèbre par son suc laiteux, qui est un poison violent dans lequel certains peuples sauvages trempent leurs flèches; le *maniot* dont la racine crue est un poison, mais qui, privée de son suc laiteux par la cuisson ou autrement, donne cette farine nommée *cassave*, l'une des principales nourritures des peuples de l'Amérique. La *patate*, espèce de liseron dont la racine rapporte des tubercules semblables à nos pommes de terre, et qui sert aussi de nourriture aux noirs; le *mûrier papier* bien remarquable par la variété des formes de ses feuilles, et qui doit son nom au papier que les Chinois et les Japonais font avec l'écorce de ses jeunes branches. *L'arbre à suif*, espèce de *croton*, dont les semences broyées forment une pâte qui brûle comme le suif des animaux.

L'*igname*, plante d'Amérique, dont la racine blanche et farineuse que l'on mange, soit cuite avec le bœuf, soit rôtie, fait aussi de très-bonne bouillie; le *curcuma* dont la racine desséchée est achetée en France sous le nom de *terra merita*, et que les Orientaux emploient comme assaisonnement dans tous leurs mets : c'est cette même racine que nous employons, ainsi qu'eux, à teindre les liqueurs, et que la médecine considère comme un bon remède contre la jaunisse ; plusieurs *cistes*, et particulièrement le *ladanifère*, surnom qui indique que c'est de cet arbre que l'on retire le *ladanum*, substance résineuse et bienfaisante dont la réputation remonte à la plus haute antiquité : cette résine, qui transpire de tous les pores de l'arbre, se recueille, soit en Grèce, soit en Italie, avec de grands fouets garnis de lanières ; enfin le *cirier* (myrica cerifera) dont le fruit fournit une espèce de cire dont on fait de bonnes bougies dans nos colonies.

Parmi les plantes curieuses, les dames s'arrêteront sans doute devant cette intéressante *sensitive* qu'on a beaucoup multipliée depuis deux ou

trois ans, et dont le moindre attou-
chement fait successivement rap-
procher les folioles le long de leurs
petits rameaux, et ceux-ci près de
la tige : je les engage aussi à observer une plante nommée le *sain-
foin tournant*, dont les petites feuilles latérales ont, sur-tout dans
les belles journées d'été, un mouvement continuel et régulier ; elles jet-
teront un coup-d'œil sur la *glaciale*,
qui, dans les temps les plus chauds,
est couverte de petites gouttes d'eau
brillantes assez semblables à du
givre. Parmi les plantes de nos
climats l'*épine-vinette* et la *fraxinelle*,
rangées dans leurs familles au Jardin
de l'École, offrent, ainsi que plusieurs
autres, des phénomènes curieux : les
petits filamens (les étamines) qui
entourent le centre de la fleur de
l'épine-vinette se contractent aussitôt
qu'on les touche ; et, quant à la fraxinelle, si, dans une belle soirée d'été,

on approche une bougie de cette plante, l'atmosphère qui l'environne s'enflamme aussitôt.

Toutes les plantes que j'ai nommées étant dans les serres pendant l'hiver et l'automne, la plupart se placent dans le Jardin de l'École pendant les beaux jours : les étiquettes qui portent le nom français au-dessous du nom latin, dispensent d'autre indication. Quant aux serres, le garçon jardinier qui est chargé de cette partie, et qui sert de guide à ceux qu'on y laisse entrer, indique ces végétaux qu'il connait parfaitement : il indiquera de même le *sablier éclatant*, que l'on a vulgairement nommé *arbre au diable*, parce que son fruit, en s'ouvrant, fait un bruit semblable à celui d'un coup de pistolet ; *l'hernandia sonore*, dont le fruit est percé d'un petit trou dans lequel l'air produit un sifflement, d'où lui vient son nom ; le *Roseau d'Asie*, si connu sous le nom de *bambou ;* dans la famille des *sapotiliers*, vous verrez cet arbre connu sous le nom vulgaire de *bois de fer* qu'il doit à sa dureté; vous vous arrêterez aussi à presque toutes les plantes de l'intéressante famille des *mimeuses* ou *acacies*, à laquelle appartient la sensitive, et qui, sans avoir le même degré d'irritabilité que cette dernière, ont plus d'éclat pendant le jour, et indiquent également leur sommeil par le rapprochement de leurs follioles. Sans doute vous remarquerez cet énorme *cierge du Pérou*, qui, s'élevant à plus de trente pieds, est dans la même serre depuis plus d'un siècle, et n'a que quelques pieds carrés de terre pour végéter; le *melon épineux*, plante de la même tribu, dont la forme est vraiment curieuse; plusieurs autres végétaux dont les formes variées se rapprochent plus ou moins de ces figuiers d'Inde, que quelques curieux, et sur-tout les apothicaires cultivent, et parmi lesquels on voit ces *opuntia* et *nopals* précieux, parce que c'est sur leur tige que l'on trouve le petit insecte appelé *cochenille*, qui fournit notre belle couleur écarlate. Dans la famille des *Apocins*, après avoir remarqué celle de ces plantes qui porte la *ouatte*, peu utile en ce que cette substance filamenteuse est cassante, le surnom de *gobe-mouche*, donné à une autre qui en est voisine, fixera sans doute vos regards; et, en effet, si quelque insecte vient plonger au fond de la fleur pour en sucer le miel, on verra ses bords se resserrer et enfermer le petit larron, qui rendra sa prison d'autant plus étroite qu'il se débattra davantage; l'*asclepias*, quoique surnommé *dompte-venin*, qui est aussi de la même famille, ne doit pas exciter une grande confiance dans les apocins, car on sait qu'ils sont généralement vénéneux. *Le souchet à papier*, vous retracera d'antiques souvenirs; puisque c'est avec les petites lames de la tige, et même, à ce qu'on croit, avec les feuilles de cette plante que les Égyptiens faisaient leur papier, qui n'était qu'une espèce de tissu mis en presse, et dont on retrouve encore des vestiges sur les dépouilles de quelques momies : il parait d'ailleurs que l'écorce intérieure s'employait également à fabriquer des tissus dont ils faisaient des voiles et des vêtemens. Le *fromager* ou *bombax*, dont le bois, qui est fort tendre, appelé, par les commerçans, *bois épineux des Antilles* ou *fromage d'Hollande*, doit son nom à ce que le tronc, qui est renflé vers le milieu de sa hauteur, ressemble, en quelque sorte dans son intérieur, à du fromage ; mais l'on sera moins surpris du peu de dureté de ce bois, lorsqu'on saura qu'aux Antilles cet arbre croit avec une telle vitesse qu'une branche, de la grosseur d'une canne, mise en terre, vient en moins de dix ans de la grandeur d'un beau chéne ; l'espèce de *plaqueminier* qui donne le bois

d'ébène ; le *Draconnier* (dracæna)
arbre des Indes, d'où découle la résine
nommée *sang-dragon*, que l'on emploie dans les vernis, et dont on fait
un grand usage en médecine; enfin
parmi les *érables*, qui, pour la plupart,
donnent du sucre, on s'arrêtera avec
intérêt devant celui de l'Amérique sep-
tentrionale , plus particulièrement
nommé *érable à sucre*, parce qu'on le
cultive principalement afin d'en retirer,
par incision, un suc qui, épaissi, donne
environ 15 livres (environ $7,\frac{1}{2}$ kil.)
de sucre sur cent de liquide.

Il existe, soit dans les serres, soit
dans le Jardin de l'École, beaucoup
d'autres plantes curieuses ; mais j'ai
cru devoir n'indiquer que les principales, afin de ne pas trop prolonger
cette promenade : quant à celles qui
fixent les regards, soit par la beauté de
leurs fleurs, soit par la singularité de
leur port, il m'a paru inutile de les
dénommer, chaque promeneur étant à

même de lire leur nom sur l'étiquette,
si elles sont placées dans le Jardin de
l'École, ou de le demander au garçon
jardinier qui sert de guide, si elles sont
dans les serres et sans étiquettes : d'ailleurs la beauté dans les fleurs est,
comme en toute autre chose, sujette à
mille caprices de la part des amateurs :
telle tulipe vaut cent francs pour une
personne, tandis qu'une autre lui pré-
fère celle qui, beaucoup moins rare
pour un *fou-tulipier*, a cependant plus
d'éclat : j'ai parlé de leur utilité parce
que c'est une qualité que tout le monde
prise ; j'ai cité les phénomènes que
quelques unes – présentent, parce qu'ils
intéressent généralement ; mais à quoi
bon m'étendre sur leurs nuances, les
divers parfums qu'elles exhalent ? qui ne
sait que, dans les mêmes familles, il y
a des plantes dont l'odeur nous attire,
tandis que d'autres nous repoussent ?
C'est ainsi que parmi les *géranions*, par
exemple, à côté de celui dont la feuille

pressée sous le doigt répand une odeur nauséabonde qui fait soulever le cœur, on trouve le *géranion musqué*, qui a l'odeur de la rose et du macoubac, et non loin de là le *géranion à odeur de térébenthine*, lequel n'est séparé que par deux autres espèces du *géranion odorant*, qui répand une odeur légèrement acide très-agréable ; enfin on peut dire que celui qui étudie les végétaux se convainc aisément que leurs diverses qualités sont aussi variées que celle qui frappe tous les yeux, c'est-à-dire, la couleur de la fleur. C'est sans doute cette variété qui fait que de tous les goûts celui des fleurs est à la fois le plus général et le plus constant, à tous les âges, et dans toutes les classes. Aussi voyons-nous les enfans cultiver un petit carré de terre avec la même ardeur que le vénérable Malesherbes, aussi simple dans ses goûts que pur dans ses mœurs, en mettait à rassembler une foule de végétaux étrangers, trouvant dans cette culture un délassement à des travaux d'un tout autre genre : c'est encore l'attrait qu'offrent les plantes qui, dans nos cités, garnit les croisées des étages élévés de petits jardins suspendus au‑dessus de nos têtes; le pauvre se dédommageant ainsi, au retour du printemps, de ne pouvoir satisfaire une foule de besoins factices par les jouissances plus vraies, que lui offre dans quelques poignées de terre une bien faible portion des richesses de la nature.

IIe PROMENADE.

Des objets d'un intérét moins grand pour le curieux, mais plus importans pour tous ceux qui pensent que l'étude des plantes doit principalement se lier à la prospérité de l'agriculture et de l'industrie, vont passer sous nos yeux dans cette promenade ; car ce n'est pas seulement pour le botaniste que cet établissement a été formé, c'est encore au modeste cultivateur, au simple jardinier qu'il est ouvert ; et ceux-ci peuvent venir y consulter la

nature, et y recevoir des leçons d'un
professeur digne de cette honorable et
utile mission.

En sortant du Jardin de l'École par
la porte du couchant, nous allons re-
prendre la grande allée de tilleuls, en
nous dirigeant vers la rivière.

A notre droite se voit un petit
enclos planté d'arbres, et d'arbrisseaux de diverses espèces, et particulièrement de petits arbres résineux ; tels que pins, sapins et mélèzes. Vers le milieu de ce petit jardin
est une maisonnette à six faces, destinée à des observations sur les abeilles ;
chacune des petites ouvertures que
l'on remarque sur cinq des faces est
l'entrée d'une ruche particulière, placée dans l'intérieur et adaptée à cette
ouverture. Ces ruches sont d'ailleurs
disposées de manière qu'un spectateur placé dans la maisonnette peut
observer le travail de ces industrieux
insectes, et être à l'abri des piqûres des

abeilles ouvrières : on peut même facilement enlever chaque ruche pour voir de plus près leurs progrès et examiner en détail les gâteaux. On demandera sans doute si les abeilles ne se trompent jamais de porte : je répondrai qu'il a suffi, pour éviter toute méprise, de mettre un peu de couleur particulière à chaque ouverture extérieure ; mais cette précaution n'est utile que pour les essaims nouvellement établis ; et il est certain que, sans ce secours, un instinct naturel les met à l'abri de toute méprise ; c'est du moins ce que j'ai remarqué dans les pays, où l'on élève beaucoup d'abeilles.

A la suite de ce petit jardin, et du même côté, est le grand bassin également fermé par une grille, et dans lequel on a placé plusieurs oiseaux d'eau du genre des canards, et quelques paons : nous nous en occuperons en visitant les animaux vivans dans la troisième promenade.

A notre gauche un enclos, qui n'est séparé du Jardin de l'École que par une large allée de peupliers-tremble, se fait remarquer par la quantité d'arbres fruitiers qu'il renferme : le feuillage, généralement connu de ces arbres, suffit pour indiquer que ce modeste verger est destiné à des études qui tiennent de près à des goûts devenus presque des besoins. Cet enclos, d'environ un arpent et demi (environ 51 ares), est en effet ce qu'on nomme l'*école des arbres fruitiers* : il est divisé en planches séparées par des sentiers, et contient en ce moment plus de 600 pieds d'arbres de diverses espèces ou variétés. Des sauvageons (c'est-à-dire des arbres sauvages tels qu'on les trouve sans culture dans les bois) sont placés à différentes distances, afin de pouvoir greffer des espèces nouvelles, et aussi afin de fournir aux agriculteurs des collections d'espèces utiles à répandre.

L'arrangement des arbres dans cette partie n'est point établi sur les systêmes de botanique ; il ne se rapproche que de ceux de ces systêmes dans lesquels le fruit est considéré comme une partie importante, puisqu'il est fondé sur la nature et la forme des fruits.

Trois classes ou divisions principales partagent tous ces arbres :

La première comprend ceux dont les fruits sont en *baie,* soit à pepins comme les vignes , soit à noyaux comme les pêchers, pruniers, etc., soit à osselets, tels que les néfliers , etc.

La deuxième renferme tous les arbres à fruits charnus qui ressemblent à une pomme ; elle se divise également en fruits à pepins, tels que coguassiers , poiriers , etc ; et cette sous-division est la plus nombreuse en espèces et variétés , puisque celles du poirier s'élèvent à cent quatre-vingt-cinq , et enfin à fruits juteux , tels que figuiers , orangers , etc.

<table>
<tr><td>I.</td><td>5</td></tr>
</table>

La troisième comprend les arbres qui produisent des fruits en coques ou à capsules; tels sont les noyers, les pins, les noisettes, etc.

Rien de si varié, de si singulier, on pourrait même dire de si ridicule, que la plupart des noms donnés dans chaque partie de la France aux variétés d'arbres à fruits : il est même de ces noms que la décence réprouve autant que la raison. Cette nomenclature bizarre est telle, qu'un agriculteur des environs de Marseille ou de Bordeaux ne saurait désigner clairement par écrit, à un jardinier des environs de Paris, une variété sur laquelle il croirait utile d'avoir des renseignemens, et que cependant ils connaissent aussi bien l'un que l'autre; mais on sent que chacun, lui donnant un nom particulier, leur langue est trop différente pour qu'ils puissent s'entendre. Cette École, au moyen des correspondances étendues que le Muséum entretient avec toutes les parties de la France, fera bientôt cesser cette confusion, en donnant des noms clairs, précis, à chaque espèce et variété, et publiant le nom vulgaire qu'elle a dans les divers cantons; cette École est importante aussi comme offrant des moyens de multiplier les variétés utiles, afin de les répandre plus généralement ; enfin, elle est du plus grand intérêt pour tous les agriculteurs des environs de Paris, ou qui abondent dans cette grande cité : car c'est là qu'ils verront l'application des principes que *Thouin l'aîné* développe dans le cours de culture et de naturalisation des végétaux qu'il fait tous les ans dans cet établissement.

L'enclos qui suit du même côté, et qui n'en est séparé que par une allée de *catalpa* de Virginie, est d'une utilité plus générale que le précédent : un coup d'œil suffit pour indiquer aux personnes les plus étrangères à la botanique et à l'agriculture qu'il renferme une foule de plantes connues : c'est l'*Ecole des plantes d'usage dans l'économie rurale et domestique et dans les arts.*

Il faut oser le dire : cette partie de l'étude des végétaux exigerait seule un terrain quatre fois aussi vaste que celui du Jardin des Plantes dans son entier, ou plutôt il exigerait une belle ferme aux environs de Paris, assez peu éloignée du Muséum pour que les professeurs pussent surveiller l'ensemble des grandes expériences que l'on y tenterait : car ce n'est pas dans des carrés de quelques pieds de surface que l'on peut essayer la culture de ces plantes à prairies artificielles qui exigent des expositions et des terrains variés.

Je ne donnerai qu'une idée bien imparfaite de ce petit enclos, en disant qu'il renferme dans un espace d'environ 1,100 toises de superficie (environ 80 ares), divisé en qua-

rante-six planches, presque tous les
végétaux herbacés de nos climats qui,
par leur utilité, ont dû entrer dans
cette École pratique.

Ces planches sont divisées en 552
carrés, dans chacun desquels on a
placé différentes espèces, variétés et
races de plantes distribuées, non d'après
les systémes de botanique, mais d'a-
près les propriétés de ces plantes et
les usages auxquels on les emploie.
Cette distribution, aussi simple que
raisonnable, est la mieux appropriée
au but de cette École de jardi-
nage et d'agriculture, la première de
ce genre qu'on ait formé en Europe.
Ainsi, au moyen de trois divisions
principales, elle présente au premier
aspect, à chaque cultivateur qui se
destine à une seule étude, un choix
de végétaux rangés suivant leur dégré
d'utilité ou de mérite, et réunis sous
une de ces trois divisions ou classes.
La première comprend les végétaux

propres à notre nourriture : là se trouvent les plantes appelées *céréales* du
nom de Cérès, déesse des moissons,
telles que les fromens, les seigles ; les
plantes farineuses ou légumineuses ;
les plantes *potagères*, lesquelles sont
les plus nombreuses de toutes ; celles
que le professeur a nommées *plantes
oléifères*, c'est-à-dire propres à pro-
duire de l'huile ; d'autres enfin qui,
ayant divers genres d'utilité pour des
usages également relatifs à la nourriture, ont été nommées *plantes de
fantaisie* : telles sont l'angélique, le
caille-lait et d'autres semblables.

La seconde classe, qui renferme
les plantes propres à la nourriture des
animaux, est celle qui exigerait le plus
de terrain pour pouvoir faire des essais
en grand sur beaucoup de végétaux
aussi utiles par leur bonté que par la
grande quantité de fourrages qu'ils
produisent.

La dernière division, qui n'est pas

la moins intéressante , contient les
plantes que l'on cultive pour leur utilité dans les arts ; là se voient celles
qui fournissent les fibres qui se filent ,
celles qui servent à la teinture , et
celles enfin qui sont un objet de commerce, telles que le tabac , ou qui produisent des sels alkalis , comme la
soude , etc.

Je sens que cet apperçu sera trop
court pour l'amateur, pour l'agriculteur et pour le manufacturier ; mais ce
n'est ici qu'une promenade ; et, comme
on a eu soin de mettre des indications
sur chaque carré , celui qui desire s'appesantir sur l'un de ces objets , est libre
de le faire , tandis qu'il ne m'est pas
possible de m'arrêter sur des végétaux
trop ou trop peu connus , pour que leur
description offre un intérêt général : il
me suffira de faire sentir en peu de
mots de quelle importance est , pour
la prospérité de l'agriculture , du jar-
dinage et de plusieurs arts , un petit

enclos d'où sortent chaque année environ vingt mille sachets de semences
de différentes plantes, qui, distribuées
avec discernement, multiplient, sur
tous les points de la France, des végétaux destinés à ajouter à la prospérité
de plusieurs branches d'industrie, à
accroître les ressources du pauvre et les
jouissances de l'homme aisé.

A notre droite, deux grands carreaux, ouverts à tout le monde, et di-
visés par plates-bandes, offrent des
doubles d'une grande quantité de plantes, rangées méthodiquement dans le
Jardin de l'École, et qui se trouvent
ici pêle-mêle, et sans étiquettes, ce
qui habitue les élèves à chercher leurs
noms par les caractères qu'elles offrent:
c'est aussi dans ce parterre qu'on peut,
avec la permission des professeurs,
cueillir des plantes pour former un
herbier naturel: c'est ainsi que l'on
nomme une collection de plantes que
l'on a desséchées à plusieurs reprises,

en les mettant sous presse entre des feuilles de papier brouillard. Il est de ces collections faites avec tant de soin , que la plupart des végétaux conservent leurs principaux traits , et les fleurs mêmes quelques-unes de leurs nuances.

Ces parterres, ainsi que ceux qui sont au-devant des galeries , facilitent la récolte des graines que le Muséum distribue chaque année , et dont nous donnerons un apperçu dans une prochaine promenade.

Les deux carrés à gauche sont , de même que les deux placés au côté opposé du jardin , des espèces de vergers, plantés anciennement d'après une distribution que l'on reconnait maintenant n'être pas fort exacte : ces arbres, en partie étrangers, et , comme on le voit, bien acclimatés , avaient d'abord été distribués dans ces quatre vergers comme fleurissant dans des saisons différentes ; ainsi un carré renfermait des

arbres de printemps, un autre, des
arbres d'été, etc.

Quoi qu'il en soit de cette distribution, qu'on a abandonnée avec raison,
j'avoue que je desirerais voir rassemblés dans un même lieu les arbres et
arbrisseaux, jadis étrangers, que l'on
est parvenu à acclimater. Il y en a
maintenant plus de deux cents espèces,
et cette conquête, faite par la France
sur les autres contrées; ce trésor, ar-
raché par l'art à la nature, larcin heureux auquel celle-ci semble sourire,
puisqu'elle le sanctionne; ce bosquet
d'arbres de divers climats naturalisés
français pourrait être présenté avec orgueil aux ignorans qui jouissent des
bienfaits de la botanique sans savoir à
qui ils les doivent, quelquefois même
en médisant des bienfaiteurs. Que de
gens qui, ne voyant dans cette science
qu'une étude de mots, une vaine
nomenclature, ignorent qu'elle ne se
compose que de faits dont la recherche

est une suite de plaisirs, puisqu'on ne peut faire un pas dans un jardin ou hors de l'enceinte des villes sans éprouver une jouissance.

Mais, revenons au coup-d'œil général du Jardin. Nous voilà arrivés, en passant devant deux larges carreaux peu cultivés, à la porte qui donne sur la rivière : la ménagerie, ou le petit bâtiment auquel on a donné ce nom, est dans l'angle à gauche ; et, comme nous ferons connaître dans la prochaine promenade tous les animaux vivans qui existent dans cet établissement, nous allons prendre vers la droite, et suivre la grande allée d'ormes parallèle à celle que nous quittons, et remonter vers les galeries : cette allée, moins belle et moins fréquentée que l'autre, n'offre que peu d'objets dignes de remarque : nous les parcourrons d'autant plus rapidement, qu'ayant décrit les compartimens qui se trouvent maintenant à notre droite, il ne nous reste à examiner que ceux qui se voient au côté opposé.

Après les deux bosquets d'arbres distribués par saisons, dont nous avons parlé plus haut, on voit de petits enclos où l'on a réuni un grand nombre d'arbres résineux, tels que pins, sapins, ifs, genevriers, cyprès, mélèzes, dont une espèce est le fameux cèdre du Liban, sur lequel nous reviendrons tout à l'heure, en allant au labyrinthe : ces arbres verts nommé *conifères*, à cause de leurs fruits en forme de cônes, s'étudient facilement lorsqu'on les voit ainsi rapprochés, parce que les différences plus ou moins marquées qui les distinguent s'apperçoivent mieux, et que l'œil s'exerce à les saisir.

L'enclos qui vient après est destiné à la préparation, au mélange des terres et terreaux propres à quelques plantes ; car certains végétaux, comme beaucoup d'animaux, ne sauraient vivre sans une nourriture qui leur est particulière, tandis que d'autres, parmi ces derniers, comme parmi les plantes, s'accommodent à-peu-près de tout.

Avant et après le café, de petits enclos fermés et ombragés servaient de parcs à des animaux que l'on a placés dans des habitations pittoresques que nous visiterons.

Un bois d'arbres de diverses espèces, tant indigènes qu'acclimatés, se prolonge jusqu'à la cour qui est au-devant des galeries : c'est dans le bâtiment qui fait face à ce bois que logeait le célèbre *Buffon*, l'un des plus grands écrivains de son siècle, peintre souvent vrai, toujours brillant, par qui le goût de l'histoire naturelle s'est répandu dans toutes les classes de la société : mais, comment oser élever la voix pour le louer, dans un lieu où tout ce qui nous environne prononce si éloquemment son éloge !

Les personnes qui voudront connaître l'histoire de l'établissement et des progrès du Jardin des Plantes, la trouveront, avec plus ou moins d'é-tendue, dans les diverses descriptions de Paris. Je puis la tracer ici en peu de mots; car elle se lie toute entière à celle de Buffon. Ce Jardin, établi en 1626, par les soins de *Gui de la Brosse,* Médecin de Louis XIII, n'occupa d'abord qu'une petite partie du terrain qu'il a maintenant. L'on a lu long-temps, au-dessus de la principale porte, ces mots, écrits en lettres d'or, sur une tablette de marbre noir :

JARDIN ROYAL
POUR LA CULTURE DES HERBES
MÉDICINALES,
1633.

En effet, on ne s'occupa long-temps dans cet établissement que de la bo-tanique dans ses rapports avec la mé-decine, et non des autres parties de l'histoire naturelle : les plantes mêmes que Gui de la Brosse y avait rassemblées ayant été fort négligées par un de ses successeurs, on peut dire que c'est à *Buffon*, nommé intendant de ce jardin en 1739, que l'on doit son accroissement et l'état où il est aujourd'hui : c'est sous lui, c'est par son influence et celle de son digne collaborateur Daubenton, par les soins de Jussieu et de Vaillant, que le jardin et les galeries se peuplèrent d'objets rapportés des parties les plus éloignées du globe. Le jardin s'étendit successivement jusqu'au bord de la Seine ; le cabinet d'histoire naturelle, formé d'abord en partie de celui de Tournefort, l'un des plus grands botanistes français, et de celui de Vaillant, s'enrichit d'une foule d'objets envoyés à Buffon par des voyageurs qui se faisaient gloire d'être en correspondance avec lui, et devint bientôt un des plus beaux de l'Europe en ce genre... les ouvrages écrits de Buffon sont entre les mains de tout le monde : un de ses plus beaux ouvrages est cet établissement élevé à la science de la nature, et qui le rend en quelque sorte copropriétaire des découvertes qu'il a facilitées à ses successeurs. Je sais que son imagination lui fit voir quelquefois à travers un prisme trompeur les objets qu'il peignit ; je sais que son génie brillant, ne pouvant s'asservir à la marche rigoureuse des savans, lui fit porter trop loin le dédain des classifications méthodiques, si utiles lorsqu'on embrasse un grand nombre d'objets; mais qui pourrait lui reprocher une erreur à laquelle on doit peut-être ses plus beaux tableaux ! Je le repète, parmi ceux qui relèvent ses fautes, il y en a beaucoup qui oublient qu'ils ne doivent qu'à lui le goût de la science, et qui, sans le bel établissement qu'il a créé, n'auraient jamais été à portée de faire des observations qui ont servi à révéler ces mêmes erreurs. Corrigeons donc les écrits de Buffon avec courage, avec discernement; mais n'oublions pas que sa gloire fait partie de la gloire nationale, et que chercher à l'affaiblir, c'est être ingrat envers Buffon et la patrie.

Les amis des sciences me pardonneront sans doute cette station devant l'ancienne demeure d'un grand homme; quant à ceux qui ne cherchent dans cet ouvrage qu'un froid itinéraire, ils ont pu tourner le feuillet.

Traversons maintenant la cour qui est au-devant des galeries; rentrons dans la grande allée, et montons à notre gauche par le chemin qui passe entre les deux petites orangeries.

Ce chemin nous conduit à une nouvelle partie du jardin, qui, au lieu de la régularité que nous avons admirée dans l'autre, offre des montuosités, des sentiers tortueux et quelques points de vue agréables : dirigeons

nos pas vers la gauche, et asseyons-nous
un instant sur ce banc de pierre qui
ceint le tronc d'un arbre dont les rameaux, en s'étendant horizontalement à une grande distance, forment
un vaste parasol : cet arbre aujourd'hui
robuste, quoique le tonnerre en ait
abattu le sommet, cet arbre est un
des plus beaux monumens que Ber-
nard de Jussieu ait pu s'élever ; c'est
lui qui l'a planté il y a cinquante ans,
et il tenait alors dans un petit pot semblable à ceux dans lesquels nous met-
tons des fleurs sur nos cheminées :
le *cèdre*, quoique originaire *du mont
Liban*, peut, comme on voit, croître
facilement ailleurs : on sait qu'il est
célèbre par l'emploi qu'en fit Salomon
pour la construction du fameux temple
de Jérusalem, et sur-tout par la
propriété qu'on lui crut long-temps
d'être incorruptible ; cette propriété,
mieux observée depuis, se réduit à
être plus à l'abri des insectes que plu-

sieurs autres bois : la résine qui découle de cette espèce de cèdre a une odeur assez agréable : les Égyptiens s'en servaient et la mêlaient avec d'autres substances pour embaumer les corps. Il paraît qu'il y avait autrefois dans une partie de l'Égypte et de la Syrie de grandes forêts de cèdres ; mais comme le pied des arbres résineux meurt lorsqu'on a coupé le tronc, ces forêts, qui ne pouvaient se repeupler que par des semis de graines, n'existent plus depuis long-temps, et ces arbres sont relégués sur un espace assez peu considérable du mont Liban : en France, et sur-tout en Angleterre, on en décore les jardins pittoresques, et, lorsque leur sommet est intact, ils font un bel effet, parce qu'ils se terminent en pointe comme un cône ; sur le Liban, il y a de ces arbres dont le tronc a jusqu'à trente-six pieds de tour ; en Angleterre, il n'est pas rare d'en voir de douze pieds de circonférence : on fait avec son bois de petits ouvrages de tabletterie, et les Anglais en font des barils qui donnent un bon goût aux liqueurs fortes qu'on y met pendant quelque temps.

En suivant le même chemin, et montant le coteau des arbres verts, nous laissons à droite une petite laiterie, très-fréquentée pendant les beaux jours d'été, et devant laquelle on ne peut passer sans lire quelques vers latins et français, qui valent bien la plupart des enseignes de nos belles boutiques, enseignes qui outragent sans pitié le bon sens et la langue. Ces petites inscriptions ont valu plus d'une pratique à la laiterie. Nous arrivons bientôt, par le labyrinthe, au belveder, qui se trouve un des points les plus élevés de Paris : sans doute, en jetant un coup-d'œil sur cet amas de maisons, sur cette forêt de cheminées, et ces nuages de fumée qui s'élèvent de cette grande cité, nous sommes comme entraînés à une foule de réflexions sur la multitude d'objets et d'êtres, en apparence incohérens, que ce gouffre renferme; mais descendons, pour ne pas nous distraire des émotions pures et agréables que nous sommes venus chercher dans ce jardin.

En descendant le coteau, par le côté opposé à la laiterie, nous passerons près d'une colonne implantée au milieu de différentes substances qui appartiennent au règne minéral : ce monument simple a été élevé au savant et modeste Daubenton, l'un des hommes qui, après Buffon, dont il fut le collaborateur, ont le plus fait pour l'histoire naturelle en général, et principalement pour l'établissement que nous visitons.

L'autre petit coteau qui se présente devant nous appelle encore nos regards; montons-y ; et, s'il n'offre pas autant d'intérêt que celui que nous venons de quitter, nous pourrons du moins, de son sommet, prendre connaissance des parties du jardin qui nous restent à voir, et même nous faire une idée des embellissemens commencés et de ceux que l'on projette.

En nous plaçant de manière à voir d'un coup d'œil, à notre droite, les vastes chantiers qui se prolongent jusqu'au bord de la Seine, et, devant nous, les bâtimens qui bordent la rue de Seine, nous nous trouvons en face d'un amphithéâtre, dans lequel se font, tous les ans, les cours de botanique, de chimie générale et particulière, d'anatomie comparée, et d'autres qui ont pour objet les progrès de l'histoire naturelle. Le bâtiment à gauche, qui en est le plus rapproché, est occupé par l'administration, et des magasins qui renferment une foule d'objets précieux, qu'on n'a pu placer dans les galeries publiques du Muséum : derrière ces bâtimens, dans une petite cour, il y a une volière qui contient quelques

oiseaux, que nous examinerons en détail dans la prochaine promenade.

Au côté opposé de l'amphithéâtre, et
au fond d'une petite cour, sont placées
des écuries et loges d'hiver pour plusieurs animaux, distribués en été dans
les petites habitations pittoresques,
dans les parcs et enclos que nous ap-
percevons à droite, et qui s'étendent
provisoirement jusqu'aux chantiers.
Enfin, dans l'encoignure de ce même
bâtiment, toujours à droite de l'amphithéâtre, est la loge de l'éléphant,
avec une sortie donnant dans un enclos
assez vaste pour qu'il puisse prendre
un peu d'exercice dans les beaux jours.

Au-dessus de ce même bâtiment il
y a plusieurs salles ouvertes aux curieux : ces salles contiennent, outre
quelques squelettes d'animaux, des
côtes et des vertèbres de baleine, une
collection de pièces d'anatomie fort
bien préparées, et dont la description
très-détaillée, faite par Daubenton,

se trouve dans les éditions de Buffon
données de son vivant : on y voit entre
autres une suite de têtes dépouillées de
chairs, bien conservées et classées par
âge d'individus ; un grand nombre de
fétus et de monstruosités conservés
dans l'alcool (l'esprit-de-vin) et beaucoup d'os qui offrent des défectuosités,
suite de diverses maladies. J'ai vu là,
pendant quelques années, le corps de
Turenne, exhumé du monument que
lui avait élevé la reconnaissance nationale, et que, dans des jours de calme,
on a placé dans la demeure destinée aux
reste des héros. [1] Je ne fais qu'indiquer
les principaux objets de cette collection ; et cela suffira sans doute, pour
qu'on entrevoie que cette salle n'offre

---

[1] C'est M. *Lenoir*, conservateur des Monumens Français, qui parvint à faire placer les
restes du grand homme dans ce dépôt d'où
on l'a transporté, il y a quelque temps, dans
le temple de l'Hôtel des Invalides, sous le
même tombeau qui lui avait été élevé jadis.

un véritable intérêt qu'aux personnes qui
s'occupent de l'anatomie, et particulièrement à celles qui se livrent à l'étude de l'anatomie comparée des divers
animaux : j'ai voulu aussi faire sentir
qu'il serait imprudent d'y conduire,
soit des dames étrangères à ce genre
d'études, dont la sensibilité s'affecte
aisément, et dont l'imagination peut
recevoir des impressions fortes et dan-
gereuses à l'aspect de certaines monstruosités, soit des jeunes gens qui ne
sont pas préparés à ce genre d'études.

Le grand bâtiment neuf, que nous
voyons à notre droite, est une orangerie, dans laquelle beaucoup de plantes d'un port élevé pourront végéter
plus à l'aise que dans les serres basses,
où elles ne sauraient acquérir tout leur
développement.

Au-devant, du côté du midi, et
dans un enclos fort bas, on distingue
de très - belles couches dont tout le
monde connaît l'usage : un chemin

couvert conduit en montant vers le milieu du Jardin de l'École, et facilite le transport des plantes que l'on a fait germer sur ces couches.

Maintenant que nous connaissons bien les différentes parties du jardin, il nous reste à voir, avec quelque détail, avant d'entrer dans les salles du Muséum, les animaux vivans qui peuplent la Ménagerie, les parcs, les bassins, les volières, et ces chaumières, ces fabriques pittoresques, ces ruines, qui font partie d'un plan beaucoup plus étendu, et dont ces commencemens font vivement desirer l'entière exécution : mais, comme cette visite mérite de nouvelles considérations, qui nous transporteront sans doute en imagination dans les climats sauvages et lointains habités par ces animaux conduits ici des parties les plus reculées de la terre, nous pensons qu'il vaut mieux la remettre à la prochaine promenade, en terminant celle-ci par les rapprochemens qui naissent de la réunion qu'offre un vaste enclos, où l'on retrouve, à côté de la majesté des anciens parterres et des longues allées des jardins français, cette diversité piquante, ces sites variés des jardins chinois, et, par-tout, sans confusion et sans monotonie, l'instruction à côté du plaisir; à chaque pas, enfin, quelque plante de ces nombreuses familles utiles à la santé, ou qui font la richesse de l'agriculture, de l'industrie, du commerce, des arts; et qui, lors même qu'elles ne peuvent se classer par leur utilité, offrent encore un attrait à la curiosité ou des charmes à l'étude.

IIIe PROMENADE.

Visite des diverses parties de la Ménagerie :
— 1° Aux animaux qui sont dans les loges
et la volière situées sur la terrasse de la
rivière. — 2° Aux oiseaux d'eau du grand
bassin, aux paons, etc. — 3° A la volière
située au bas du labyrinthe, derrière le
bâtiment de l'Administration. — 4° Aux
animaux qui habitent les fabriques, les
ruines pittoresques et les parcs qui sont
entre la grande orangerie et la rue de
Seine. — 5° A l'Éléphant femelle, à un
Éléphant mâle.

La première idée qui se présente à
l'esprit, en approchant du petit bâtiment placé à la gauche du jardin sur
la terrasse de la rivière, et qu'on
appelle plus particulièrement la ménagerie, est le contraste qu'offrent ce
jardin et ce bâtiment mesquin : Quoi !
c'est là, s'écrie-t-on, qu'habitent les
plus puissans des animaux ? c'est là
que le tigre, qui règne en tyran dans

les déserts, et le lion, aussi terrible, mais plus généreux, reçoivent leurs visites ? Hâtons-nous de rassurer les amis des sciences naturelles et les gens du monde qui prennent quelque inté-rêt à leurs progrès ; je doute que ce logement, si peu digne du roi des animaux, de son épouse et de ses amantes, ait jamais été considéré au-trement que comme une habitation provisoire, car mieux vaudrait n'avoir pas de ménagerie que de la laisser long-temps encore dans un lieu qui rappelle les loges que l'on construit à la hâte dans les foires où l'on fait voir des animaux. Rassurons-nous donc : les parcs, les chaumières pit-toresques dans lesquels on a placé les chameaux, les kanguro, et d'autres animaux que nous visiterons tout à l'heure ; ces parcs variés, qui offrent à la fois un coup d'œil agréable et d'agréables habitations, ne sont qu'une petite partie d'un plan vaste conçu par

l'architecte Molinos, et qui est digne
de ses autres ouvrages et de ce magnifique musée des sciences naturelles.
Dans ce plan, les animaux de cette
ménagerie seront également distribués
dans des habitations commodes et
pittoresques qui s'étendront jusqu'à
la rivière sur le terrain qui est encore occupé par des chantiers.

Avant que d'entrer dans la petite
cour de la ménagerie, on voit, dans la
première loge à gauche, plusieurs VAU-
TOURS FAUVES, nommés aussi vautours d'Afrique, griffons : ce sont ces
mêmes oiseaux que certains naturalistes
ont appelés vautours rouges, jaunes,
etc. Il suffit, pour se convaincre que ce
sont des oiseaux très-carnassiers, d'as-
sister à un de leurs repas : par exemple,
à celui qu'ils prennent le soir à cinq
heures en été : c'est là qu'on les voit
déchirer de leurs ongles aigus, de
leur bec tranchant et crochu à son
extrémité, les morceaux de chair

qu'on leur jette : c'est un spectacle assez curieux pour les personnes qui veulent se faire une idée de leur voracité.

Quelque dégoûtans que soient ces oiseaux, puisqu'ils préfèrent des charrognes infectes à la chair fraîche, ils n'en sont pas moins respectés des habitans des pays chauds : ce goût même est ce qui les rend précieux pour débarrasser la terre des animaux morts qui corrompraient bientôt l'air , et répandraient au loin le germe de maladies contagieuses.

Ces oiseaux habitent les roches escarpées : l'on prétend qu'il y en a au Pérou une espèce extrêmement grande : c'est le condor, qui a , dit-on, jusqu'à 18 pieds (5 mètres 84) d'enverjure , c'est-à-dire entre les parties les plus éloignées des deux ailes, lorsqu'elles sont étendues : ces vautours d'Amérique attaquent non seulement les moutons, mais encore des bœufs, et d'autres grands animaux.

Dans les loges situées au midi, il y a un LOUP et une LOUVE, animaux bien connus, et trop communs dans plusieurs parties de la France : leur voracité est passée en proverbe; leur lâcheté n'est pas moins grande, car il faut qu'ils soient affamés pour s'aventurer à la chasse, lorsqu'ils prévoient quelque danger. Tout le monde a été à portée de faire la comparaison des loups avec les chiens : certaines espèces de ces derniers leur ressemblent en effet beaucoup, et personne ne doute que ces animaux ne soient de la même famille; mais on a la preuve que ces deux espèces sont ennemies, et que, si l'aspect ou l'odeur d'un loup inspire la terreur à un chien jeune ou faible, il excite une sorte d'indignation dans les chiens vigoureux, qui les poursuivent avec acharnement.

J'ai vu des loups privés; mais une circonstance suffit pour les rendre à leur férocité naturelle : le mieux est de ne pas s'y fier, et de songer plutôt à les exterminer qu'à les réduire par la douceur.

Un seul trait suffira pour juger ceux-ci, et en même temps leur espèce : la femelle mit bas il y a quelqués années : on lui laissa trois louveteaux ; ils commençaient à grandir, et l'un d'eux allait visiter les chiens de la ménagerie : cette familiarité donna de la jalousie au loup et à la louve, qui, pour les punir,.... dévorèrent leurs trois petits.

En entrant dans la cour de la ménagerie, l'OURS BLANC DE MER placé à gauche se fait remarquer par les mouvemens réglés et continuels, qui ont quelque chose de monotone, de fatigant, et qui paraissent être la suite de la gêne qu'il éprouve dans son étroite prison : c'est un animal féroce qui vit sur les bords des mers du Nord ; aussi ne faut-il pas le confondre avec l'espèce d'ours blanc qui se trouve dans l'intérieur des terres en Moscovie, dans la grande Tartarie, etc., d'où l'on en amène quelquefois en France : cette dernière espèce, dont j'ai vu des individus, ne diffère pas pour la forme des ours communs, tandis que celui que nous avons sous les yeux a les formes beaucoup plus alongées que celles des ours de terre.

L'ours marin vit de coquillages et de poissons; mais, lorsqu'il est affamé, il attaque les hommes et les poursuit sur la terre avec la même facilité qu'il poursuit les poissons, en nageant et plongeant avec beaucoup d'adresse ; il paraît qu'il fait sa nourriture la plus ordinaire des cadavres de baleines et d'autres gros animaux marins qui habitent les mers glacées, dont il fréquente les rivages. L'ours blanc qui est ici, et auquel on est obligé de jeter dans l'hiver beaucoup d'eau sur le corps, est un des doyens de la ménagerie, qu'il habite depuis onze ans.

Plusieurs LIONNES et un LION sont placés dans les loges de face et à notre droite : le mâle et la lionne qui est à sa gauche, sont nés de la même mère : tous deux furent donnés à la France par le Bey de Constantine. Le courageux Félix, gardien de cette ménagerie, a amené les autres d'Afrique. C'est surtout en considérant le lion que je sens quel avantage a sur d'autres l'auteur qui, n'ayant à décrire que les mœurs, les habitudes des animaux qui sont sous les yeux du lecteur, se trouve ainsi dispensé d'en tracer le portrait physique, et de donner, pour ainsi dire, à ses discours la vie qui manque à la gravure : cette vie, cette existence que la description communique à de froides images, Buffon, Lacépède, Bernardin St. Pierre, et quelques autres écrivains privilégiés ont eu seuls le secret de la donner à leurs tableaux, et quand on a lu leurs peintures animées, comment oser prendre le pinceau ! Quand on a lu la description du lion par Buffon, comment oser le peindre encore ? Heureusement ici il est sous nos yeux, et, quoique dégénéré par l'esclavage, gêné dans son étroite prison, affaibli par le repos, c'est encore le lion ; et le premier coup d'œil en apprend plus qu'on ne pourrait en dire en quelques pages.

Mais, pour se faire une idée de l'effroi que cet animal inspire à la plupart des autres animaux, il faut se transporter un instant en imagination, soit dans les déserts brûlans de l'Afrique, soit sur ces monts dont le sommet est couvert de neiges éternelles [1] où il règne par la force ; il faut se supposer

[1] M. Desfontaines (professeur de botanique à cet établissement) assure que les lions du mont Atlas sont aussi dangereux que ceux qui habitent les déserts ; ce qui contredit l'opinion de Buffon, laquelle n'était elle-même que le résultat du récit peu exact de quelques voyageurs.

seul, égaré, privé de tout secours... au moment où ce terrible animal rugit et fait résonner l'air dans un espace immense, ou bien fait répéter aux échos des rochers ses rugissemens semblables au bruit du tonnerre : c'est alors qu'une espèce de torpeur doit s'emparer de l'homme, comme elle s'empare des autres êtres vivans : Vaillant et Sparmann nous ont conservé le tableau qu'offrent les chiens, les chevaux, les bœufs, au moment où la voix du lion retentit dans l'espace : on dirait que cette voix terrible est, pour presque tous les êtres animés, le signal de la mort : je dis presque tous, car on sent bien que l'éléphant, le rhinocéros, l'hyppopotame, ayant le sentiment de leur force, ne fuiraient pas devant lui ; cependant des récits exacts annoncent que le lion attaque quelquefois avec avantage l'éléphant, le plus fort des quadrupèdes connus, et qu'il supplée par l'audace et l'adresse à ce qui lui manque du côté de la masse et de la force réelle.

Si quelques animaux peuvent seulement lui résister, qui donc pourra le vaincre? Un être faible en apparence, sans armes naturelles, et à qui sa haute intelligence tient lieu de tout; l'homme, seul, peut également vaincre le lion par la douceur, par une suite de bons traitemens, et l'attaquer à force ouverte, dans les lieux où il est le plus terrible, le plus redoutable. Ainsi cet animal, qui répand l'effroi dans une caravane entière, qui brave les flèches, les arquebuses de cent voyageurs réunis; ce même animal, qui vient de répandre l'effroi et la mort au milieu d'une troupe peu accoutumée à le combattre, est attaqué à son tour par un nègre, d'une stature médiocre, d'une force ordinaire, et au bout de quelques instans il expire sous ses coups.

Les lionnes qui sont ici prouven

également que, s'il y en a d'indomp-
tables, la plupart du moins sont susceptibles d'attachement, et peuvent
en quelque sorte vivre en domesticité :
celle qui est dans une loge à la droite
du lion, et qui a été amenée des déserts de Sara, n'a jamais pu être réduite à cet état de soumission, qui
n'est, dans quelques-uns, qu'une douceur trompeuse, résultat de leur im-
possibilité de nuire.

Parmi ces lionnes, on remarquera
celle qui vit avec un chien : elle rappelle un lion qui avait également voué
l'attachement le plus vif à un chien
braque, dont il avait en quelque sorte
soigné l'enfance : ce lion, que nous
reverrons dans les galeries du Muséum, mourut, il y a quelques années,
dans la ménagerie, des suites de la
maladie politique appelée le *maxi-
mum* : ceci n'est point une plaisanterie ;
cet animal, modèle des amis fidèles,
périt dans ces jours d'abondance, où

l'on était obligé d'assiéger les portes des boulangers comme une place forte, et où l'on ne rapportait, pour tout prix du succès de l'attaque, qu'un pain malsain et mélangé : c'est cette mauvaise nourriture qui tua le lion, comme elle a tué sans doute beaucoup d'êtres plus précieux. Au surplus, je ne fais mention ici du défunt, que parce qu'il donna, soit en France, où il vécut environ huit ans, soit au Sénégal, chez son premier maître, des preuves d'une sensibilité, d'une douceur, que l'on serait fort aise de rencontrer dans la plupart des hommes.

La manière dont ce lion fut élevé dans la maison du directeur de la compagnie d'Afrique au Sénégal, prouve jusqu'à quel point les bienfaits, et peut-être l'exemple, peuvent changer l'inclination naturelle des animaux les plus féroces : ce qu'il y a de certain, c'est que celui-ci, avant d'être transporté en France, vivait très-familièrement avec les chevaux, les chiens, les chats, des singes, des autruches, des perruches, et toute espèce d'oiseaux de basse-cour, et que les domestiques nègres même se joignaient à ce troupeau d'animaux si différens, et venaient coucher pêle-mêle avec eux dans les nuits fraîches.

Ce seul fait m'a paru prouver davantage en faveur du pouvoir de l'habitude sur tous les animaux, que la plupart des récits rapportés par les voyageurs et les naturalistes. [1]

Le lion que nous avons sous les yeux est père de plusieurs lionceaux, nés dans cette ménagerie de la lionne qui est dans une loge à sa gauche. C'est au commencement de l'été de l'an 8

---

[1] Ce fait est rapporté avec beaucoup d'autres détails par M. Toscan, bibliothécaire du Muséum d'Histoire Naturelle, dans un ouvrage fort intéressant qui a pour titre l'Ami de la Nature.

qu'elle mit bas pour la première fois, et c'est aussi à cette époque qu'on a eu en France le premier exemple de fécondité de ces animaux; mais les deux petits étaient morts apparemment des suites d'un coup qu'elle s'était donné étant pleine. La seconde portée, qui a été de trois petits, quoique plus heureuse d'abord, n'a pas non plus enrichi la ménagerie, les lionceaux étant morts à l'époque où leurs dents ont commencé à pousser.

Les TIGRES, MALE et FEMELLE, sont, après le lion, les animaux les plus remarquables de cette ménagerie : il est même beaucoup plus rare d'en voir en France que des lions. Ces deux beaux animaux nous viennent, ainsi que le léopard, la panthère et l'hyène, de la ménagerie de Tipoo-Saïb.

On emprunte si souvent la comparaison du tigre pour peindre la cruauté, la férocité, l'amour du sang, qu'il reste peu de choses à dire pour faire con-

naitre le caractère de cet animal : on
s'en fera une idée assez juste en le com-
parant au lion , et ajoutant que , si ce
dernier est carnassier par besoin , et
attaque les animaux pour assouvir sa
faim , le tigre est encore féroce après
l'avoir assouvie ; il l'est enfin par amour
du sang , dont la vue ne fait que redoubler sa cruauté : aussi poursuit - il
tous les animaux avec une audace , une
rage , dont aucune autre espèce n'offre
d'exemple : heureusement qu'il est en
quelque sorte relégué dans les contrées
les plus chaudes de l'Asie.

Un voyageur , voulant donner une
idée de la férocité de ces animaux ,
racontait qu'il avait été spectateur éloi-
gné d'un combat terrible entre deux
tigres. Lorsqu'il ne vit plus d'apparence de mouvement et n'entendit plus
aucun cri, il osa approcher du lieu de
la scène ; mais , quel fut son étonnement, en voyant que la rage des combattans avait été si forte , qu'ils s'étaient

entre-dévorés , et qu'il ne restait plus sur le champ de bataille que . . . leurs deux queues. Cette mauvaise plaisanterie peint assez bien une férocité que l'on ne saurait exprimer.

La PANTHÈRE et le LÉOPARD sont des espèces de la même famille , c'est-à-dire, qu'on peut les considérer, avec le lion et le tigre , comme de grands chats ; ou , si ce rapprochement, fait par les naturalistes, déplaît aux gens du monde , il leur est libre de dire que nos chats sont de petits lions ; car il s'agit moins de disputer sur les dé-nominations que de s'entendre sur l'organisation de ces animaux : et il est certain que tous ces individus ont la même conformation , soit extérieure, soit intérieure , et diffèrent peu dans leurs goûts , dans leurs habitudes , que la domesticité seule est parvenue à changer. Comment en effet l'habitude, l'éducation , ne changeraient-elles pas les mœurs des chats sauvages, lorsque

le lion, le tigre, la panthère et le léopard, qui sont sous nos yeux, obéissent
à la voix de leur gardien, et lui rendent caresse pour caresse?

La PANTHÈRE a donc beaucoup des
goûts du tigre et du lion; cependant
certains peuples d'Afrique parviennent
à la dresser à la chasse des autres bêtes
sauvages, sur lesquelles elle s'élance
comme le chat fait sur les souris. Quoi
qu'il en soit, tous les voyageurs racontent que les chasseurs eux-mêmes se
tiennent en garde contre sa férocité
naturelle.

Le LÉOPARD, comme on voit, ressemble plus qu'aucun autre animal au
précédent : comme lui, il se plait dans
les bois épais, et guette sa proie dans
les lieux écartés. Les Indiens mangent
sa chair, et tout le monde sait que les
peaux de panthère, et sur-tout celles
de léopard, sont fort recherchées.

La HYÈNE est encore un animal très-
carnassier des contrées chaudes de l'Asie

et de l'Afrique : l'on assure qu'il est aussi hardi que le tigre, et qu'il attaque la panthère avec une audace à laquelle celle-ci ne peut résister.

La férocité naturelle de la hyène cède moins aux bons traitemens que celle de beaucoup d'autres animaux plus redoutables : celle qui est ici a conservé son aspect farouche, tandis que la douceur a vaincu le tigre.

Cet animal se rapproche beaucoup du loup pour certaines habitudes et la manière de se nourrir ; cependant, loin d'avoir autant de lâcheté, il attaque non seulement les troupeaux sous les yeux des gardiens, mais encore il se jette quelquefois sur ces derniers.

Les anciens, et Pline le Naturaliste, qui les a crus sur parole, racontent des choses fort extraordinaires de la hyène : à les en croire, c'est une enchanteresse, charmant les bergers, séduisant les bergères, contrefaisant la voix humaine... On a peine à concevoir ce qui a pu donner lieu à tant d'absurdités, lorsqu'on est, au contraire, certain que, de nos jours, cet animal répand la terreur dans tous les lieux où il se montre.

Nous dirons peu de chose des deux animaux de la grande famille des singes qui sont dans de petites loges du coin à droite : pour les bien voir, il faut être placé entre la barrière et les loges, et ce n'est qu'avec précaution qu'on y laisse passer les personnes qui se vouent à l'étude. Un accident arrivé il y a quelques mois à un homme de campagne qui voulut caresser un des animaux carnassiers, a fait redoubler ces sages précautions.

C'est sans doute avec intention qu'on a placé dans l'ombre ces deux singes (l'un appelé le PAPION, l'autre le BONNET CHINOIS). Je préviens donc que l'on doit éviter de les montrer de près aux dames et aux enfans, sur-tout dans certaines saisons ; car alors le papion semble se faire un jeu d'étaler sa lubricité, d'autant plus dégoûtante qu'il joint aux sales expressions d'une passion désordonnée des grincemens de dents que l'on prendrait plutôt pour des signes de rage que pour des marques d'amour.

Tout le monde connaît l'adresse des singes ; les papions emploient particulièrement la leur à voler les fruits, en se les passant entre eux de mains en mains, et même en se les jetant, au besoin, par-dessus les murs des jardins dans lesquels ils font de grands dégâts.

Le bonnet chinois est encore un filou plus adroit, et plus friand, sur-tout de cannes à sucre. Quand une bande de ces animaux dévaste les plantations, il y en a toujours qui restent en sentinelle, de manière qu'au moindre bruit ceux-ci crient *houp, houp ;* et bientôt nos voleurs, courant sur trois pieds, emportent leur butin à la main, et se sauvent sur les arbres.

On sait que les singes, quoique généralement féroces, ne se nourrissent
que de fruits; cependant, quand cette
nourriture manque aux bonnets chinois, ils vont sur les bords des rivières,
et tournent leur adresse vers la pêche.
C'est ainsi que, pour prendre des cra-
bes, ils dirigent le bout de leur queue
entre leurs pinces, et qu'aussitôt qu'ils
se sentent serrés, ils la retirent leste-
ment jusque sur le rivage avec la proie
qui y reste attachée, exécutant ainsi le
mouvement que le pêcheur fait avec sa
ligne lorsqu'il sent que le poisson a
mordu à l'hameçon.

La CIVETTE que l'on voit dans une
petite loge à côté de celles des singes,
et la GENETTE placée non loin de là,
sont deux animaux appartenant à un
même genre; mais le premier, célèbre
par le parfum qui porte son nom, se
trouve en Afrique, tandis que la genette vit en Espagne, et même dans
quelques-uns de nos départemens mé-

ridionaux. L'un et l'autre ont la langue rude comme celle des chats, et les ongles un peu retractiles ; mais ce qui distingue particulièrement les civettes, c'est la poche qu'elles ont sous l'anus, laquelle contient cette espèce d'humeur odoriférante qui a la consistance de la pommade, et dont on faisait autrefois un très-grand cas en France. La genette, qui peut être considérée comme une civette d'Europe, n'a, au lieu de cette poche, qu'une espèce d'enfoncement, de sillon placé au même endroit, et qui a un peu du parfum de la civette, mais dont l'odeur ne se conserve pas long-temps.

Dans leur état sauvage, les civettes sont féroces ; elles vivent de rapines, comme le renard, et chassent les oiseaux et les petits animaux avec une agilité qui leur a valu sans doute les noms vulgaires de chats civettes et chats musqués. On parvient cependant à les priver ; et l'on peut sur-tout apprivoiser les genettes, qui attrapent les souris avec autant d'adresse que les chats.

La substance parfumée des civettes nous vient non seulement d'Afrique, mais aussi de Hollande, où l'on en élevait beaucoup autrefois. C'est dans ce pays sur-tout que l'on avait l'art de les nourrir de manière que leur poche, que l'on vidait toutes les semaines avec une cuiller, se remplissait régulièrement ; ce qui était un revenu assez considérable dans le temps où cette odeur était à la mode. On faisait aussi autrefois des manchons estimés avec les peaux des genettes ; mais les fourreurs les imitent aujourd'hui avec des peaux de lapins qu'ils peignent, et, de leur côté, les marchands du parfum appelé civette le falsifient en en mêlant un peu à des substances inodores.

L'ocelot, qui est aussi dans une petite loge, est de cette même famille des chats si nombreuse en espèces féroces.

Cet animal, qui habite l'Amérique, est aussi vorace que le tigre, dont il n'a pas le courage : comme lui, il tue les animaux, s'abreuve de leur sang, et abandonne leur cadavre ; mais il fuit à l'aspect de quelque ennemi dont il redoute la force. Hardi seulement avec ses inférieurs, l'ocelot mâle étend son cruel empire jusque sur sa femelle, laquelle, n'osant approcher pendant qu'il dévore sa proie, ne mange en quelque sorte que les restes de son féroce époux.

Un animal, plus intéressant par son organisation particulière, appelle notre attention; c'est le MANICOU OU ANIMAL A BOURSE, que l'on ne trouve aussi qu'en Amérique. Cette seconde dénomination indique sa conformation singulière, qui consiste en une espèce de bourse ou de poche ouverte à l'extérieur, et dans laquelle ses petits, qui naissent avant d'avoir acquis le degré d'accroissement que les autres animaux reçoivent dans le sein de la mère, se tiennent enfermés, en même temps qu'ils sont comme fixés à ses mamelles. Cette poche est encore utile aux petits lorsqu'ils sont séparés de la mère; au moindre bruit elle leur sert de refuge, et c'est dans cette bourse qu'elle les emporte en fuyant.

Quoique le manicou vive généralement de chair, il mange, lorsque le besoin l'y force, quelques fruits. L'on doit voir à la longueur de sa queue et à sa mobilité qu'elle peut lui servir à se suspendre aux branches; c'est là ce que les naturalistes appellent avec raison une *queue prenante*. Nous verrons dans la salle des quadrupèdes plusieurs espèces fort curieuses de cette intéressante famille.

Nous voici arrivés auprès d'une volière où l'on conserve ensemble quelques oiseaux d'espèces et d'habitudes fort différentes : l'aigle et l'épervier, qui sont des oiseaux de proie de jour;

les ducs, qui ne sortent qu'à l'entrée de la nuit, et la cigogne, qui offre à la fois l'exemple de la tendresse maternelle et de la piété filiale. Examinons d'abord les premiers, et nous reposerons ensuite notre vue sur cette dernière.

L'ÉPERVIER est un oiseau assez commun en France. A l'époque ou une partie des espèces de cette cruelle famille était employée à la chasse on la partageait en oiseaux de proie nobles : c'était ceux qui, tels que le faucon, le gerfaut, etc., servaient aux plaisirs des princes, et qu'on élevait d'après les principes de la fauconnerie, et en oiseaux de proie ignobles, c'est-à-dire inhabiles à la chasse : il est facile de sentir que cette petite distinction était ridicule à beaucoup d'égards, car la plupart des oiseaux peu propres à la fauconnerie n'en sont pas moins très-bons chasseurs pour leur propre compte, et joignent le courage à la force.

Au surplus, l'épervier se plie assez

facilement à nos caprices, et l'on en élevait à force de soins, qui partageaient les honneurs des oiseaux de proie nobles pour la chasse des perdrix et des cailles. Dans son état de liberté il poursuit les pigeons, et attaque même les oiseaux de nos basses-cours ; mais celui que l'on voit ici a perdu dans la captivité une partie des qualités qui le rendent si redoutable aux paisibles habitans des airs.

L'AIGLE COMMUN a aussi un peu dégénéré dans sa prison ; rien ne lui rappelle en effet les rochers élevés sur lesquels il construisait son aire : c'est ainsi qu'on appelle le nid de ces oiseaux, et ce nom désigne parfaitement la forme qui lui est particulière, puisque ce nid est absolument plat, et peut être comparé à une petite terrasse qui est placée ordinairement sous une partie de roche avancée faisant le toit.

L'aigle dont nous verrons dans les galeries la belle espèce consacrée à Jupiter, et qu'on a décorée d'épithètes brillantes, est cependant encore pour les fauconniers un oiseau de proie ignoble, parce qu'ils ont renoncé à l'élever pour la chasse, comme étant trop lourd pour être porté sur le poing, et peut-être aussi comme étant un peu plus indocile que les autres.

Tout le monde sait que l'aigle chasse les moutons et les autres animaux contre lesquels il peut se battre : celui que nous avons sous les yeux, étant d'une espèce moyenne, chasse particulièrement les renards, les lièvres, et emporte pièce à pièce dans son aire le gibier qu'il ne peut manger sur la place.

Nous nous étendrons davantage sur ces beaux oiseaux en général en parcourant la nombreuse collection que l'on a conservée dans la grande galerie.

La physionomie du DUC annonce assez que c'est un oiseau de proie nocturne, immobile, stupide pendant le jour, il attend la nuit pour faire une chasse impitoyable aux autres oiseaux, et même à quelques quadrupèdes tels que lapins, jeunes lièvres, etc., qu'il attaque à l'improviste, avec d'autant plus d'audace que l'obscurité le sert et rend leur course plus incertaine.

Son cri perçant, qu'on peut rendre par les sons *hou*, *hou*, retentit souvent dans les cavernes, dans les montagnes, dans les édifices abandonnés qui sont sa retraite ordinaire. Ce cri lugubre répand la terreur parmi les oiseaux, et l'on se sert de la haine que toutes les espèces ont vouées à ces hiboux et à toutes les chouettes pour faire la chasse à la pipée. Elle consiste à placer sur une branche un de ces hiboux, dont l'aspect suffit pour exciter à la vengeance, et fait accourir de toutes parts une foule de petits oiseaux, qui, dans le jour, se sentant assez forts pour l'insulter, veulent s'en approcher, et se trouvent pris dans les filets qu'on leur a tendus ou arrêtés sur des baguettes enduites de glu. Quelquefois aussi lorsque le grand duc, ou tout autre de cette espèce sort avant qu'il fasse bien nuit, il est entouré, attaqué par d'autres oiseaux, et principalement par des corneilles : alors il pousse des cris de rage tellement forts en se défendant du bec et des serres, qu'il finit par répandre l'alarme parmi les assaillantes, dont quelqu'une reste parfois accrochée à ses griffes.

Le hibou est l'oiseau de Minerve, et c'est principalement le grand duc que l'on a representé sur les médailles anciennes fondées en l'honneur de cette déesse.

Le vers par lequel l'inimitable La Fontaine a peint le héron, peut servir de même à peindre l'un des oiseaux qui sont dans cette grande volière; et si je dis :

La CIGOGNE au long bec emmanché d'un long cou,

on reconnaîtra dans ce peu de mots

cet oiseau, dont le bec et les pieds sont rougeâtres, et qui, tenant habituellement une de ses jambes cachée contre son ventre, a l'air, en quelque sorte, d'avoir le corps fiché sur une frêle baguette. Dans cette attitude, la cigogne a quelque chose de réfléchi qui attire l'attention; mais comme elle se fixe avec intérêt sur cet oiseau, quand l'on connaît sa tendresse constante pour ses petits, et sur-tout cette piété filiale dont peu d'espèces donnent des marques, et qui porte la cigogne à soigner, à nourrir ceux à qui elle doit la vie! C'est sans doute à ces exemples touchans, qui annoncent des qualités chères à tous les peuples, et aussi à ses goûts, qui lui font rechercher de préférence les reptiles et les serpens dont elle purge les pays chauds, que cet oiseau doit le respect que les anciens eurent pour lui, et qui les leur fit regarder comme sacré. Encore aujourd'hui les cigognes sont en honneur chez les Orientaux : enfin, quoiqu'elles ne soient en France que de simples passagères qui viennent seulement nous visiter pendant les beaux jours , on n'en a pas moins les plus grands égards pour elles, et, dans certains cantons même, on les regarde comme portant bonheur aux maisons dont elles habitent le voisinage. Heureux si tous les préjugés des hommes en faveur de quelques individus, étaient fondés sur la preuve qu'ils auraient acquise de leurs bonnes qualités!

En quittant la ménagerie du bord de la rivière, et remontant vers les bâtimens par la grande allée de tilleuls, on peut s'arrêter quelques instans devant le grand bassin carré, lequel renferme des oiseaux de la grande tribu des nageurs, que la plupart des naturalistes désignent aussi par la dénomination de palmipèdes, c'est-à-dire pieds palmés. Les grandes eaux ont dégarni, il y a quelques années, le petit bosquet.

d'arbres variés qui l'ombrageaient, et offraient un abri à des paons qui y font aussi leur séjour.

Nous ne jetterons qu'un coup d'œil sur les oiseaux qui habitent ce bassin : ils sont presque tous de la famille des *canards;* et, comme la plupart sont généralement connus, ces descriptions présenteraient peu d'intérêt. D'ailleurs, cet enclos n'étant pas aussi public que les autres parties du jardin, ces détails sur des oiseaux que l'on n'apperçoit que de loin ne seraient d'aucune utilité : nous serons amplement dédommagés de cette privation en voyant ces mêmes oiseaux et une foule d'autres espèces de la même tribu dans la grande galerie haute. [1] Il me suffira d'observer ici que la plupart de ceux qui vivent dans l'état de liberté ont des mœurs à peu

---

[1] Le genre du canard offre dans cette galerie non seulement tous ceux qui sont dans ce bassin, mais encore plus de soixante espèces ou variétés parfaitement conservées.

près semblables ; l'on sait qu'ils ne sont en France que de simples passagers. Les habitudes de ceux qu'on tient en domesticité se ressemblent aussi à beaucoup d'égards, et nous les ferons connaître dans la seconde partie, en visitant les espèces conservées ; enfin, pour avoir une idée assez complète de tous les individus vivans de cet établissement, nous désignerons alors ceux qui habitent ce bassin, afin que, si, après avoir fait connaissance avec eux, il nous prend envie d'en voir quelques-uns de près, nous puissions demander aux professeurs ou à d'autres personnes chargées de la surveillance de cette partie la permission d'y entrer ; ce qu'on ne refuse point lorsqu'une louable curiosité, fondée sur le desir de s'instruire, motive cette demande.

Outre les oiseaux nageurs, cet enclos renferme aussi quelques PAONS mâles et femelles. On sait que le nom de ce bel oiseau est devenu un caractéristique de

l'orgueil ; et il faut avouer que, si ce
sentiment pouvait être excusé, ce serait sur - tout dans les mâles de cette
espèce. Cet orgueil, l'un des traits particuliers du caractère du paon, semble
en effet résulter du luxe avec lequel la
nature a paré son vêtement ; et on a
observé que, lorsque la mue qu'il subit
chaque année, comme les autres oiseaux, le prive de cette brillante pa-
rure, il met autant de soin à se cacher
qu'il a de plaisir à se montrer quand
elle est dans tout son éclat.

Cet oiseau parait originaire des Indes orientales, de ce pays qui produit
les pierres les plus précieuses ; mais il
s'est naturalisé dans presque toutes les
parties du monde, et les climats très-
froids lui sont seuls contraires.

Le paon, qui, élevé dans nos basse-
cours, devient assez familier, est au
contraire très - sauvage dans son pays
natal ; et, comme, dans cet état, on
ne peut le prendre pendant le jour,

parce qu'il fuit au moindre bruit, on
emploie un moyen assez singulier pour
s'en rendre maître la nuit. Lorsqu'on
en voit un sur un arbre, on lui présente
un grand tableau suspendu à une per-
che à peu près comme une bannière,
et éclairé par des flambeaux : le paon,
ébloui, étonné, approche et retire al-
ternativement sa tête ; et, comme on
a ajusté un lacs au-devant du tableau,
on le serre au moment où l'oiseau a
alongé assez son cou pour s'y trouver
pris.

Les paonnes pondent, à ce qu'il paraît, un plus grand nombre d'œufs
dans l'Inde que dans nos climats ; mais,
en France, ces oiseaux ne sont pas
beaucoup plus difficiles à élever que
les dindons, avec lesquels d'ailleurs
ils s'accordent assez bien. On a remarqué qu'en général les autres oiseaux
de basse - cour avaient beaucoup d'é-
gards pour les paons qui, entre eux,
se disputent vivement, sur-tout dans

le temps des amours. C'est à cette
époque particulièrement qu'étant dans
toute leur beauté, ils font la roue en
étalant les belles plumes de leur queue,
soit pour plaire à leurs femelles, soit
pour répondre aux éloges qu'on leur
donne, et auxquels ils paraissent sensibles.

On pense bien que des oiseaux sur
le plumage desquels la nature a épuisé
ses plus belles couleurs, ont dû être
recherchés des nations chez lesquelles
le luxe avait fait de grands progrès.
C'est ainsi qu'à Rome, où les paons
étaient d'un grand prix, on vit des
particuliers faire servir sur leurs tables
des plats composés d'un grand nombre
de cervelles de ces oiseaux ; et, comme
ces cervelles ne valaient pas mieux que
d'autres pour le goût, les convives ne
prisaient ce plat qu'en raison du prix
énorme qu'il avait coûté. Chez nos
aïeux, on servit long-temps des paons
dans les festins ; mais chaque plat n'en

contenait qu'un, que l'on avait l'art de
revêtir de ses belles plumes lorsqu'il
était cuit. Ce n'était aussi que pour leur
beau vêtement que les Grecs élevaient
ces oiseaux, dont la chair n'a rien d'a-
gréable; car les vieux sur-tout sont
tellement maigres, que l'on prétend
qu'un paon mort peut se garder plusieurs mois sans se corrompre.

Aujourd'hui les paons sont assez rares en France; les dégâts qu'ils causent
aux toits sur lesquels ils se perchent,
leur chant ou plutôt leur cri triste et
monotone, et d'où leur vient, dit-on,
leur nom, [1] balancent un peu le plaisir
que doit causer la vue de leur beau plumage. D'ailleurs, à mesure que l'on
observe mieux les animaux, les traits
fantastiques sous lesquels on se plaisait

____

[1] Il paraît qu'autrefois on prononçait toutes les lettres de ce nom, c'est-à-dire *pa-on*,
qui rend assez bien leur cri, et non *pan*,
comme aujourd'hui, ce qui ne peint plus ce
cri désagréable.

à les voir disparaissent pour faire place
à la vérité : aussi ne croit-on plus guère
que leurs cris prédisent la pluie, ou,
ce qui est pire, la mort d'un voisin ; on
croit encore moins que ces oiseaux portent sous l'aile un morceau de racine
de lin pour se préserver des enchante-
mens, et d'autres puérilités semblables
dont quelques anciens ouvrages sont
remplis.

Nous verrons, en parlant des quadrupèdes, qu'il y en a qui, pour emporter leurs petits, les font monter sur
leur dos ; d'autres qui les font entrer
dans une espèce de sac placé sous le
bas-ventre : les femelles des paons
agissent à peu près comme les premiers
à l'égard de leurs petits, pour leur apprendre à se percher. Le soir, la paonne
s'accroupit, un paonneau saute sur son
dos ; elle s'élance alors sur une branche d'arbre, le pose, et revient chercher successivement les autres : le len-
demain matin elle vole à terre la pre-

mière, les appelle, et leur apprend
ainsi à se servir de leurs ailes.

En remontant vers le bâtiment des
galeries, nous laisserons à notre gauche
un petit bassin placé à la suite des parterres, dans lequel on voit quelquefois
des cygnes ; mais, comme nous reverrons ces oiseaux dans un des petits enclos pittoresques qui sont au-devant de
la grande orangerie, nous les obser-
verons alors avec plus d'attention, et
nous nous occuperons de leurs habitudes.

Reprenons maintenant le chemin
montant qui conduit au coteau des arbres verts ; mais, au lieu de gravir ce
coteau, suivons l'une des routes qui
sont au bas, à notre gauche, et nous
nous trouverons devant une petite cour
entourée de volières. [1]

---

[1] Cette petite volière, indiquée sur le plan,
est placée derrière le bâtiment de l'administration, et n'en est séparée que par le chemin.

Les premiers oiseaux que l'on remarque sont les FAISANS MALES et FE-
MELLES, parmi lesquels on reconnaît
les faisans ordinaires. On sait que ces
beaux oiseaux doivent leur nom au
Phase, fleuve de la Colchide, dont ils
habitaient les bords. Aujourd'hui les
faisans de la Colchide sont tellement
acclimatés en France, qu'on peut en
élever une très-grande quantité dans
des enclos appelés *faisanderies*, où ils
pondent et produisent sans beaucoup
de soins; il suffit seulement de leur
donner, sur-tout lorsqu'ils sont jeunes,
des larves de fourmis, que les cultivateurs appellent improprement *œufs de
fourmis*. Quelque varié que soit le plumage de cet oiseau, c'est sur-tout pour
la bonté de sa chair qu'on l'élève; mais
il n'en est pas de même des *faisans
dorés*, qui sont un peu plus loin : ceux-
ci le disputent, pour l'éclat des couleurs, aux plus beaux oiseaux des pays
chauds. Ils nous viennent de la Chine;

aussi les nomme-t-on quelquefois *faisans tricolors huppés de la Chine.* L'on
en voit de peints sur la plupart des pa-
piers de tentures. qu'on apporte de ce
pays : là, comme ici, ils ornent les
volières avec les *faisans d'argent* ou
argentés, dont on voit aussi des individus. Un jour sans doute ces oiseaux
seront mieux logés. Il est inutile de
faire remarquer que, dans ces espèces,
comme dans presque toutes les autres,
le mâle seul est paré de riches couleurs.

A côté est un HOCCO; c'est ce bel
oiseau noir à peu près gros comme un
dindon, et dont la tête est ornée d'une
belle huppe frisée qu'il fait mouvoir
à volonté. Ces oiseaux nous viennent
de la Guiane; leur chair est, dit-on,
agréable au goût, et l'on croit qu'avec
quelques soins, on pourrait les multiplier dans les basses-cours : du moins
est-il certain qu'ils sont aussi doux,
aussi familiers que la plupart des oi-

seaux que nous élevons en domesticité ; et personne ne doutera, en voyant celui qui est sous nos yeux, qu'ils n'offrissent dans les environs de nos maisons des champs un spectacle plus agréable que celui que présentent ces dindons emblêmes de la laideur et de la stupide méchanceté.

Au côté opposé se voient deux pintades arrivées avec le dernier envoi du capitaine Baudin. Il y a lieu de présumer que cette variété diffère peu, quant aux habitudes, des autres individus de la même espèce ; de même que celles que nous voyons ne diffèrent extérieurement des pintades vulgaires que par la peau bleuâtre qui eouvre leur tête, et aussi parce qu'elles sont plus petites. Ainsi donc, en disant quelques mots des mœurs des pintades ordinaires que l'on a été fort à portée d'étudier, on aura une idée assez exacte des habitudes de celles que nous avons sous les yeux.

Les PINTADES (ou PEINTADES), dont le nom indique, dit-on, la régularité avec laquelle leur plumage est *peint*, sont originaires d'Afrique : les petites taches semées sur leur plumage d'un joli gris, leur ont fait donner aussi le nom de *poules perlées*. Les anciens appelaient *méléagrides, poules de Méléagre* ou *d'Afrique*, la pintade vulgaire ; celle-ci, rare à Paris, est assez commune dans nos départemens méridionaux, où on l'élève dans les basses-cours, moins par curiosité qu'à cause de la bonté de sa chair.

Ces oiseaux ont quelques-unes des habitudes des poules communes, et offrent à peu près les mêmes inconvéniens que les paons : comme eux, ils se perchent sur les murs de clôture, sur les toits, et ont un cri désagréable ; ils sont d'ailleurs très-jaloux, se rendent en quelque sorte maîtres des autres volailles, et les tourmentent sans cesse ; enfin j'ai remarqué qu'ils étaient les plus turbulens des oiseaux de basse-cour. Comme j'ai mangé fort souvent, dans ma jeunesse, des pintades et des pintadeaux, je puis assurer que leur chair est fort délicate, et que leurs œufs ont un fort bon goût. Les naturalistes semblent généralement croire qu'elles ne sont pas susceptibles de s'apprivoiser comme les autres oiseaux de basse-cour ; c'est une erreur. J'en ai vu de très-familières, mais elles étaient nées en France ; et il est seulement vrai de dire que celles que l'on prend dans les pays où elles sont sauvages ne s'apprivoisent jamais bien.

Outre les dénominations que j'ai citées, on a donné aux pintades les noms des diverses parties de l'Afrique d'où on les a d'abord apportées ; quelquefois aussi le charlatanisme a enchéri sur ces dénominations. C'est ainsi que des Mahométans les ont vendues autrefois à des chrétiens sous le nom de *poules de Jérusalem*, et que ceux-ci, s'appercevant qu'on avait voulu tirer parti de leur croyance, les revendirent à des dévots de la secte de Mahomet comme des *poules de la Mecque ;* mais leur nom principal, celui de méléagrides, qui a été consacré d'abord par les mythologistes, et ensuite par les naturalistes, vient de ce qu'on a prétendu que les pintades accouraient chaque année des diverses parties de l'Afrique pour se livrer des combats sur le tombeau de *Méléagre,* opinion fabuleuse dont on peut cependant tirer cette induction que ces oiseaux, quoique pesans, ont été sujets à quelques migrations périodiques.

Quant aux canards qu'on a placés à côté, pour éviter les répétitions, nous les désignerons en observant les mêmes espèces dans la grande galerie.

Il nous reste à visiter maintenant la portion de la ménagerie de ce muséum la plus intéressante, sinon par les animaux qu'elle renferme, du moins par la manière à la fois commode et pittoresque dont ils sont logés. J'ai déjà observé que ces petits parcs ne forment qu'une partie du plan général de la vaste ménagerie que l'on exécutera un jour : en attendant, jouissons de ce qui est fait ; et remarquons, en passant, que tous les animaux qui habitent ces petits enclos font, par l'air de contentement qui les distingue, le meilleur éloge de leurs nouvelles habitations.

En quittant la volière, et prenant vers la droite, on se trouve bientôt dans cette jolie partie du jardin ; mais, pour suivre la route la plus simple, et voir successivement tous les animaux qui l'habitent, nous commencerons par les enclos situés auprès des bâtimens de la rue de Seine, en passant entre ces enclos et ces bâtimens.

Des CHÈVRES d'ANGORA ou de SYRIE bondissent dans un parc qui fait plusieurs détours : cette race, qui a les mêmes goûts que notre chèvre domestique, recherche, comme celle-ci, les lieux secs; elle est remarquable, sur-tout, à son poil long et soyeux. Parmi les étoffes dont on se servait autrefois en France, avant que le drap fût seul employé pour les habits, on employait celles en *poil de chèvre :* la race commune en fournissait beaucoup; mais c'est principalement avec le poil des chèvres d'Angora que l'on faisait ces étoffes fines et lustrées qui le disputaient à la soie, et qui sont encore aujourd'hui, dans le Levant, un objet considérable de commerce.

Le caractère capricieux et vagabond des chèvres est bien connu : nous le remarquerons dans les bouquetins, qui paraissent être la race primitive de nos boucs, et qui, nés sur nos montagnes élevées, n'ont pas perdu leurs habitudes naturelles par la domesticité.

Malgré le naturel capricieux des chèvres, il est facile de les fixer par les bons traitemens : on les forme à être bonnes nourrices d'enfans ; et il y a des contrées en France où presque tous sont nourris par ces animaux : enfin , quoiqu'ils aient dans la physionomie quelque chose de moins doux que les moutons , ils sont cependant plus familiers que ces derniers , et montrent plus d'attachement pour leurs maîtres.

Dans les petites loges élevées on remarque plusieurs animaux d'espèces fort différentes. Dans la première on a placé un CORBEAU de la race commune.

Les corbeaux en général ont donné lieu à plusieurs de ces contes absurdes , que ne manquent pas d'enfanter les peuples ignorans ou superstitieux , à l'aspect des êtres qui offrent quelque faculté particulière. Dès les temps les plus reculés ces oiseaux furent fameux , soit par leur voracité , que l'on disait être si grande , qu'ils dévoraient par lambeaux des buffles vivans , sur le dos desquels ils se cramponnaient , après

leur avoir crevé les yeux ; soit par l'ex-
cellence de leur odorat, qui leur faisait
deviner des cadavres à une très-grande
distance. Ce qu'il y a de certain, c'est
que les corbeaux, se nourrissant indistinctement de viande fraiche et cor-
rompue, d'insectes et de graines, ont
été proscrits dans certains pays où le
sol ne produisait que le nécessaire ; et
attirés, et même en quelque sorte respectés dans d'autres, où la surabon-
dance de la population rendait leur séjour utile. C'est ainsi qu'on mit autrefois leur tête à prix dans l'île de Malte,
tandis qu'il était défendu de les détruire
en Angleterre.

C'est sur-tout sur le grand nombre
des inflexions de leur voix, minutieu-
sement observées par de graves auteurs,
que l'on a formé des conjectures et
annoncé des prophéties, dont quelques-
unes, remontant aux premiers temps
de Rome, se sont en quelque sorte
transmises dans nos campagnes. A la

vérité, aujourd'hui on ne parle plus des soixante-quatre inflexions de leur voix, et d'une foule d'autres nuances, qui toutes avaient des significations : on n'étudie plus leurs petites actions et leurs vols avec le même empressement; mais leur croassement est encore expressif pour quelques cultivateurs; et si l'on n'imprime plus, comme autrefois, les relations de leurs batailles avec les oiseaux de proie, et l'ordre dans lequel ces grands combats aériens ont été donnés; si ces batailles n'influent plus sur le sort des empires, leurs petits combats particuliers jettent encore des terreurs passagères dans l'esprit des crédules habitans de quelques-uns des cantons qui avoisinent les montagnes où ces oiseaux font leur séjour.

Les corbeaux mettent en effet, surtout dans l'état sauvage, beaucoup de variété dans la manière d'exprimer par la voix leurs différentes passions : cette facilité d'inflexion engagea les Romains

à les apprivoiser et à leur apprendre à
parler, ainsi que nous le faisons; et il
y a lieu de croire qu'avant que le commerce eût répandu les perroquets sur
notre continent, on faisait beaucoup
de cas des autres oiseaux parleurs. Les
corbeaux, si renommés d'ailleurs par
leur voracité naturelle, sont susceptibles de se prêter à toutes nos volontés :
l'on peut affaiblir cette voracité, ou
même la tourner vers un autre objet,
et dresser ces oiseaux pour la chasse,
comme les oiseaux de proie appelés
nobles; mais on s'en sert rarement pour
cet objet, parce que leur éducation est
plus difficile que celle des faucons.

Les corbeaux ordinaires sont répandus dans toutes les parties du monde;
et, comme ils ne quittent guère les rochers qui les ont vus naître que lorsque
la disette se fait sentir dans les environs
de leurs montagnes, ils se fixent volon-
tiers dans les lieux où ils abordent s'ils
s'y trouvent bien. Ils nichent ordinai-

rement dans des crevasses de rochers ou dans les trous des vieilles tours; se perchent la nuit, par troupes, sur les arbrisseaux qui sont abrités par les montagnes, et vivent en bonne intelligence entre eux et avec leurs compagnes; car ces oiseaux qu'on nous peint avec des couleurs si affreuses, si exagérées, sont très-constans dans leurs amours, et fort expressifs dans les témoignages de tendresse réciproque qu'ils se donnent.

Leur réputation comme voleurs est mieux établie que celle qu'ils doivent à leurs autres défauts. Chaque canton raconte une histoire des vols faits par des pies ou des corbeaux, qui ont causé des malheurs, en faisant porter le soupçon sur des innocens : il paraît que, dans l'état de liberté, ces oiseaux aiment à faire des provisions, et que c'est par suite de cette habitude que ceux qui sont privés cachent avec soin tout ce qu'ils trouvent; seulement on a remarqué qu'ils s'emparent de préférence de ce qui brille, et portent dans leur trou les bijoux et les pièces de monnaie qu'ils trouvent.

Parmi les traits d'intelligence qu'on a cités, on remarque celui-ci : Un corbeau, pressé par la soif, et ne pouvant atteindre avec son bec dans un trou où l'eau était trop basse, y jeta une à une de petites pierres qui, en élevant le niveau de l'eau, le mirent bientôt à sa portée.

Dans une loge à côté on a placé une MARMOTTE. Les jeunes habitans des montagnes du Mont-Blanc nous ont depuis long-temps fait faire connaissance avec ces animaux qu'ils ont l'habitude de donner en spectacle aux habitans des villes ; mais on a pu se convaincre, par la gaucherie avec laquelle ils exécutent les tours que leur ont appris leurs petits instituteurs, qu'ils ne sont pas faits pour la société. La Fontaine, qui se servait des animaux pour

corriger les hommes de toutes les classes, à peu près comme ces maîtres d'é-
cole qui fouettent les enfans des pauvres
pour corriger ceux des riches, l'inimitable La Fontaine a dit :

> Ne forçons point notre talent,
> Nous ne ferions rien avec grace ;
> Jamais un lourdaut, quoi qu'il fasse,
> Ne pourra passer pour galant.

Transportons - nous donc un instant sur les Alpes, et voyons un instant les marmottes dans leur état sauvage.

Croirait - on que quelques observa-
teurs bénévoles pensent que, jadis dans
leurs montagnes, les ancêtres de ces
mêmes marmottes, qui sont aujourd'hui
sous la férule de nos petits Savoyards,
ont appris aux pères de ceux-ci un art
bien plus utile que la danse ? A les entendre, nos ramoneurs ne savent monter dans nos cheminées que parce qu'ils
ont observé la manière dont ces ani-

maux se cramponnent et montent dans
des fentes de rochers.

Ce qui paraît plus certain, c'est que
les marmottes travaillent en commun
à creuser leurs petites habitations souterraines, et à les garnir de mousse et
d'herbe; on prétend même qu'elles se
servent d'un moyen assez ingénieux
pour le transport de ces herbes. Une
d'entre elles se couche sur le dos, et
reste dans cette position jusqu'à ce que
les autres l'aient couverte de foin qu'elle
retient entre ses pattes : lorsqu'elle est
ainsi chargée, ses compagnes la traî-
nent jusqu'à l'habitation; et c'est, ajou-
te-t-on, ce manége, auquel chacune
se prête à son tour, qui leur enlève le
poil du dos. Mais, sans prétendre con-
tredire cette opinion, j'observerai que
la manière dont elles grimpent entre
les parois des rochers, en s'aidant du
dos et des pieds comme nos ramoneurs,
suffit pour user leur robe en cet endroit.

J'ai vu des marmottes privées com-

me des chats, aller et venir dans l'intérieur des maisons ; mais elles y sont
fort incommodes, par l'habitude qu'elles ont de grimper sur les meubles, sur
les lits, et de tout ronger lorsqu'on les
enferme seules.

Ces animaux mangent de tout, et
boivent le lait avec avidité : lorsqu'elles
sont contentes, elles font entendre un
murmure roulant qui produit un effet
semblable à celui que nous rendons
par le mot *marmotter ;* peut-être est-
ce à ce bruit qu'elles doivent leur
nom.

Les marmottes entrent dans leurs
terriers vers la fin de l'automne, en
ferment exactement les entrées, et y
passent plusieurs mois dans une léthar-
gie complète ; elles sortent de là fort
maigres vers le commencement, et
quelquefois vers le milieu du printemps.
On pense bien que c'est cette faculté
qu'ont certains animaux de rester ainsi
sans mouvement apparent durant les

grands froids qui a donné lieu à la comparaison, que l'on fait ordinairement
des personnes qui aiment beaucoup à
dormir, avec les marmottes.

La loge suivante renferme un animal
célèbre dans l'ancienne Égypte, et que
les Européens modernes qui l'habitent,
ont nommé RAT DE PHARAON : c'est
l'espèce appelée par quelques naturalistes *grande mangouste*, ou *mangouste
ordinaire*, et que les anciens désignaient
sous le nom d'ICHNEUMON ; ce nom,
assez vague, pourrait s'appliquer à plusieurs animaux, puisqu'il indique un
individu occupé sans relâche à chercher sa proie.

Cette dénomination peint cependant
assez bien ses habitudes : non seulement l'ichneumon est sans cesse à la
recherche des serpens, des oiseaux, des
souris et des œufs dont il se nourrit,
mais encore, quoiqu'il soit naturellement timide, il défend sa proie avec
beaucoup de courage.

Quoique l'ichneumon s'apprivoise et soit très-caressant, et même attaché à ses maîtres, on pense bien que ce n'est point à ces qualités, que l'on rencontre dans la plupart des animaux domestiques, qu'est due la grande vénération qu'avaient pour lui les anciens Égyptiens. Ce respect était une suite de la reconnaissance que les habitans de la haute Égypte devaient avoir pour un animal qui, sans attaquer et détruire les crocodiles, comme on l'a supposé, s'opposait du moins à leur multiplication en mangeant leurs œufs par-tout où il pouvait en découvrir.

Les personnes qui se promènent habituellement dans ce jardin ont pu remarquer que, dans les temps chauds, l'ichneumon est souvent couché à plat ventre sur le plancher de sa loge : cela tient à ce que cet animal, qui, à cet égard, ressemble aux civettes, a une petite poche au-devant de l'anus qu'il ouvre en la présentant au vent, ou qu'il

approche des corps froids pour en ra-
fraichir l'intérieur. [1]

Mais je m'apperçois qu'on est impa-
tient d'arriver devant le petit enclos
qui renferme les animaux les plus curieux de cette ménagerie : ce sont ceux
dont la marche s'exécute par un mouvement tout particulier, qui tient à leur
singulière conformation. Leurs jambes
de derrière étant infiniment plus longues que les autres , ils se servent des
premières, ainsi que de leur queue, pour
porter le corps en avant : bientôt après
ils se soulèvent sur celles de devant,
et rapprochent celles de derrière , de
manière à pouvoir recommencer le
même manége. Quelquefois , lorsqu'ils
veulent aller vîte , ils se dressent presque sur leurs jambes de derrière , et

---

[1] Quelquefois on place dans une quatrième
loge le petit animal que nous avons décrit en
visitant la ménagerie qui est sur la terrasse de
la rivière : c'est une espèce de sarigue nommée manicou. (*Voyez* page 100.)

sautent ainsi le corps incliné en avant : cette seconde allure est encore plus singulière que la première. D'autres fois, enfin, ils prennent une situation non moins curieuse : ils se dressent entièrement sur leur queue et leurs pieds de derrière, et restent ainsi debout assez long-temps.

Ces animaux, nés à la Nouvelle Hollande, et échangés en Angleterre, il y a quelque mois, contre une lionne, se nomment KANGUROOS : le plus petit est la femelle ; et c'est aussi un animal à bourse, c'est-à-dire, que le kanguroo appartient à la même famille que le manicou, que nous avons vu dans les loges de la terrasse de la rivière, puisque c'est de même dans cette espèce de sac, placé sous le ventre, que la femelle allaite et loge ses petits.

Nous examinerons de plus près, dans la galerie des mammifères, (animaux à mamelles) la conformation de ces animaux : nous verrons qu'ils ont un des doigts des pieds de derrière armé d'un ongle long et pointu : c'est là leur arme la plus dangereuse ; c'est avec cette espèce de griffe qu'ils déchirent leurs ennemis.

Au surplus, ces deux kanguroos sont jeunes, doux, familiers, et peut-être qu'on pourra par la suite multiplier en France cette espèce, dont on dit que la chair est fort bonne.

L'autruche femelle, que nous voyons dans le parc à côté, avait été donnée à la France, avec une autruche mâle, par le bey de Tunis ; mais cette dernière n'a vécu que très-peu de temps dans la ménagerie.

Cet oiseau se trouve dans les contrées les plus chaudes de l'Afrique et dans quelques parties de l'Asie. On voit à sa conformation qu'il ne peut voler ; mais ses ailes courtes lui servent quelquefois pour courir, sur-tout lorsqu'il va dans la même direction que le vent.

Il est des animaux dont la physio-

nomie indique parfaitement les mœurs
et le caractère , et il est impossible ,
en voyant cette autruche , de ne pas
deviner que c'est un oiseau stupide ,
peu susceptible de goûts délicats : c'est
à cette grossièreté dans le goût que
l'autruche doit la réputation de digérer
le fer, parce qu'en effet elle avale assez
indistinctement tout ce qu'on lui jette ,
et même des morceaux de métal, qu'elle
rend à-peu-près tels qu'elle les a ava-
lés. La comparaison vulgaire d'un bon
estomac à un estomac d'autruche est
donc exacte , puisque cet oiseau digère
avec une grande facilité.

Il n'est personne qui , en voyant
certains animaux , ne les compare involontairement à d'autres ; et , par
exemple , tous ceux qui ont vu des
chameaux , retrouvent dans l'autruche
quelque chose de son port , et sur-tout
de son air stupide : elle a aussi quelques-unes des habitudes de corps de
cet animal ; mais ces oiseaux , que l'on

garde quelquefois en troupeaux nombreux, sont loin d'être aussi dociles
que le précieux quadrupède auquel on
les compare; car, si la force et la vîtesse
de course des autruches ont fait souvent
essayer de s'en servir pour monture,
jamais, à ce qu'on assure, on n'a pu
les dompter assez pour les diriger et
se mettre à l'abri des caprices, qui lui
font tout à coup changer de route au
moment où l'on s'y attend le moins.

L'autruche pond douze ou quinze
œufs, qu'elle couve avec soin, dans
certaines contrées, ou qui éclosent
d'eux-mêmes dans les sables brûlans
de la Zone Torride. Celle qui est dans
ce parc en a pondu plusieurs depuis son
arrivée en France : comme le mâle
existait alors, on a dû croire qu'ils
étaient fécondés; mais on n'a pu par-
venir à en faire éclore, malgré tous les
soins qu'on a pris pour cela : ceux qu'on
a mangés ont paru préférables pour le
goût à ceux de nos poules.

Tout le monde connaît l'usage que l'on fait des plumes d'autruche : c'est sur l'oiseau vivant que se prennent les plus estimées. L'on ne sera point surpris de voir que celle de la ménagerie en a de fort râpées : j'ai vu plusieurs autres autruches dans nos climats qui n'en avaient pas de plus belles ; ce qui vient sans doute de l'humidité de notre sol et de celle de l'atmosphère, les oiseaux dont on nous apporte les beaux panaches vivant dans une atmosphère sèche, et n'habitant que des sables arides et brûlans.

Les Arabes se font des cuirasses avec les peaux des autruches, auxquelles ils laissent les plumes.

On s'amuse à graver des figures sur les œufs de ces oiseaux, et ils servent d'ornemens chez certains peuples : on en fait aussi des vases à boire.

Plusieurs DAIMS et DAINES, des CERFS et des BICHES, placés, soit dans le parc qui est à notre droite, soit dans

d'autres, attirent les regards des promeneurs, sur-tout depuis que ces animaux sont moins communs aux environs de Paris qu'ils ne l'étaient en 1789 :
il est inutile que nous nous arrêtions
aux petites différences qui distinguent
ceux de ces animaux qui sont étrangers
à nos climats ; ces différences n'intéressent que les naturalistes : qu'il nous
suffise de savoir que les daims en général se reconnaissent facilement à leurs
bois, beaucoup plus aplatis que ceux
des cerfs : ils se reconnaissent aussi à
ce que leur robe ou *pelage* est tacheté
de blanc, tandis qu'il n'y a que le petit
cerf, appelé faon, qui ait des taches à
peu près semblables. Les branches des
bois de ces animaux s'appellent des
andouillers : ceux-ci étant rapprochés
et réunis en une seule partie à l'extrémité du bois, forment ce qu'on appelle
les *empaumures.* Il y a des races de
cerfs, telle que celle du Canada, qui
ont des bois extrêmement grands sans

empaumure ; de même qu'on voit des femelles des climats chauds qui sont mouchetées comme des daines.

Le bois des cerfs et des daims tombe et repousse tous les ans plus grand, jusqu'à un certain âge ; mais, quoique ces bois soient de la nature des os, et non de la corne, lorsqu'ils poussent ils sont mous, couverts d'une peau velue, dont ils se dépouillent peu à peu, pour acquérir le degré de dureté qu'on lui connaît, et qui permet de faire des manches de couteau et d'autres outils avec les andouillers.

Les cerfs et les daims que l'on tient renfermés dans des parcs, soit en France, soit dans d'autres pays, peuvent être considérés comme étant à demi-domestiques ; mais ces animaux, qui se ressemblent à beaucoup d'égards, ne vont point ensemble.

Les daims ont généralement plus de douceur que les cerfs : ceux-ci vont par bandes une partie de l'année, et ne

se quittent guère qu'au commencement
du printemps, époque où leur *tête*
(c'est ainsi qu'on nomme leur bois)
tombe. Les daims se réunissent également en troupes ; mais il n'y en a ordinairement que deux dans chaque forêt,
chacune conduite par un chef, qui est
habituellement le plus fort, le plus
âgé : ces troupes se livrent pendant
plusieurs jours des combats en règle,
et le parti vainqueur relègue les vaincus
dans les terrains les plus arides.

Tout le monde sait que la chasse de
ces animaux a été réduite en principes,
et constitue un art dont les termes particuliers sont fort nombreux.

Ces détails sur les habitudes de nos
daims et de nos cerfs communs s'ap-
pliquent à toutes les variétés des autres
pays. Nous distinguerons particulièrement dans ces parcs le DAIM d'AMÉ-
RIQUE, qui a ses bois plus lisses, plus
blanchâtres et moins aplatis que ceux
des nôtres.

Dans un des parcs à notre droite, on apperçoit un petit CASOAR.

Les habitudes de cet oiseau ressemblent, à beaucoup d'égards, à celles de l'autruche : c'est encore un oiseau coureur ; et ce qui prouve que dans ces espèces la vîtesse n'est point sensiblement accélérée par le mouvement des ailes, c'est que le casoar, qui est peut-être de tous les oiseaux celui qui en a de plus courtes, dévance cependant à la course les quadrupèdes les plus légers.

Le petit casoar, qui est sous nos yeux, a été envoyé par le capitaine Baudin; mais ceux que l'on conserve dans les galeries du Muséum, et qui ont vécu dans cette ménagerie, étant beaucoup plus grands et ayant un casque, qui est la partie la plus curieuse de leur conformation, on les verra sans doute avec plus d'intérêt : c'est sur-tout en les examinant de fort près que nous pourrons observer leur plumage, assez semblable à du crin, ce qui vient du peu de longueur des barbes des plumes.

Mais je juge de l'impatience des autres par celle que j'aurais si je voyais pour la première fois L'ÉLÉPHANT, qui, dans la belle saison, se promène dans le parc à notre gauche. Dans l'hiver et les temps humides, on le tient enfermé dans une loge placée dans le bâtiment à côté, où le public peut également le voir.

Les personnes qui ont réfléchi sur la cause de leurs sensations, savent que ce ne sont pas seulement les belles choses qui excitent l'étonnement, mais encore les grandes masses, ou du moins celles qui nous paraissent telles, relativement à ce que nous avons vu : ce dernier sentiment d'admiration est peut-être aussi le plus général ; et tel voyageur a passé froidement devant la colonnade du Louvre ou auprès de quelque chef-d'œuvre de sculpture, qui

sera saisi d'étonnement à la vue des
pyramides d'Égypte : cet étonnement,
ce genre d'admiration, qu'excitent les
grandes masses, est aussi celui qu'on
éprouve en voyant pour la première
fois un éléphant, animal colossal, dont
les formes grossières et à peine ébau-
chées font naître, au premier aspect,
l'idée de la force sans adresse, et de
l'instinct sans discernement. Mais combien cette idée peu favorable s'éloi-
gne lorsqu'on apprend tout ce que l'on
raconte de son intelligence, de son
attachement, on peut même dire de
sa raison ! Combien sur-tout l'opinion que l'on s'était formée de sa gaucherie s'efface lorsqu'on l'a vu quelques
instans se servir de cette trompe, qui
n'est qu'un prolongement du nez, pour
sentir, toucher, prendre, porter et
aussi pour pomper les liquides qu'il
verse ensuite dans son gosier.

Tout le monde a lu quelques-unes
des histoires rapportées par les voya-

geurs et répétées par les naturalistes ; toutes prouvent que l'éléphant est aussi constant dans son attachement que dans sa haine ; toutes annoncent que cet animal est peut - être le seul, parmi ceux qui s'habituent à la captivité, qui refuse de multiplier dans cet état : [1] ce qui doit être un sujet de méditation.

Je ne citerai qu'une histoire qui m'a été racontée par un voyageur français à son retour de l'Inde. Un détachement de troupes appartenant à une puissance européenne, trainant quelques pièces de campagne dans un chemin fangeux, un canon s'enfonça tellement dans le terrain, que ne pouvant

---

[1] Il y a très - peu d'exceptions à cette observation. Les femelles qui ont mis bas avaient été prises pleines. Un Anglais est seul parvenu à obtenir un éléphant de deux de ces animaux, et il a observé que la femelle n'avait mis bas qu'au bout de vingt mois dix-huit jours.

pas trouver de point d'appui, les soldats faisant de vains efforts pour l'en
retirer : un indien monté sur son éléphant passe au plus fort du travail ;
l'éléphant s'arrête, regarde les soldats,
s'approche, les écarte avec sa trompe,
puis, avec cette même trompe, entoure
et saisit le canon, le traine sur le milieu du chemin avec une sorte de dédain, et continue sa route.

L'éléphant femelle, qui est maintenant dans la ménagerie, s'appelle *Marguerite* ; le mâle, qui est mort le 17
nivose an 10, s'appelait *Hanz* ; l'un
et l'autre nés à Ceylan, furent trans-
portés fort jeunes en Hollande, d'où
on les conduisit à Paris en l'an 6 : le
Cornac (c'est ainsi qu'on nomme le
conducteur de ces animaux, celui qui
le soigne) qui en avait la garde dans
la ménagerie de *Loo*, en Hollande,
les a accompagnés en France.

Quelques personnes assurent que l'é-
léphant mâle que l'on montre mainte-

nant aux Capucines doit venir remplacer *Hanz*; je ne garantis pas ce fait,
mais, à tout hasard, je puis placer ici
quelques observations sur cet excellent animal, lequel est curieux pour
les amateurs et les naturalistes, en ce
qu'il a des défenses que mademoiselle
Marguerite a perdues depuis plusieurs
années.

Cet éléphant, né au Sénégal, est âgé
de onze ans; il joint à la douceur, à
l'intelligence de la plupart de ceux
qu'on élève pour les travaux ou pour
la guerre, de petits talens que son cornac lui a donnés dans l'espoir d'en tirer
quelque profit.

Au nombre des choses les plus singulières qu'il fait, il faut placer l'a-
dresse avec laquelle il débouche une
bouteille, qu'il vide ensuite dans sa
trompe; mais ce qui prouve à la fois
beaucoup d'adresse et de soumission,
c'est qu'après avoir ainsi déposé le vin
dans sa trompe, il la recourbe pour

placer la bouteille vide dans sa bouche,
et la présenter par le goulot à son maître,
ne portant de nouveau la trompe à sa
bouche pour y verser son vin que lorsque le cornac a repris la bouteille.

Ce qui prouve aussi une grande finesse de tact dans sa trompe et une
grande mobilité dans l'espèce de doigt
qui la termine, c'est qu'il cherche et
ramasse à terre avec beaucoup de facilité le corps le plus mince, tel qu'une
pièce de six liards.

Je ne parlerais pas de ces petites par-
ticularités, si elles ne contribuaient
pas à nous donner une haute idée de
l'intelligence et de l'adresse des éléphans en général; il serait à desirer
que, si celui-ci vient augmenter la ménagerie du Muséum, l'on continuât à
l'exercer, à la développer et même à
la diriger de manière à prouver aux
naturalistes, et en général aux obser-
vateurs, quel degré de confiance on
doit ajouter aux récits des voyageurs.

qui nous racontent des choses fort
extraordinaires de cet animal. [1]

Quant à moi , j'avoue qu'une des
choses qui m'a le plus interessé , en
voyant l'éléphant mâle , c'est la manière dont il se place pour que son cornac, en mettant sa cuisse droite derrière
son oreille se trouve en un instant monté sur son cou : le conducteur, dans
cette situation, m'a transporté un instant en imagination dans les contrées
de l'Inde, où l'éléphant rend de si
grands services.

---

[1] Les récits des voyageurs modernes ne
contiennent cependant rien de plus extraordinaire que les faits rapportés par plusieurs
anciens historiens dignes de foi. Suivant ces
derniers, les Romains avaient des éléphans
qui couraient au milieu de troupes couchées,
sans blesser personne ; ce qui, il faut l'a-
vouer, est presque incroyable, les pieds de
ces animaux couvrant une grande surface ;
mais ce qui paraîtra aussi extraordinaire et
plus original, c'est qu'ils en ont formé à
danser sur la corde.

Le bâtiment rond terminé en pointe et couvert en chaume est destiné aux CHAMEAUX et DROMADAIRES ; l'intérieur est une écurie avec des rateliers placés à la hauteur où ces animaux peuvent atteindre.

On est assez embarrassé, lorsqu'on veut accorder les voyageurs avec les naturalistes sur quelques dénominations. Les uns appellent dromadaires ce que d'autres appellent chameaux ; ce qui paraît positif, c'est que le nom de dromadaire, qui vient du Grec et signifie *coureur*, a été donné de préférence à la race de ces animaux, qui est généralement plus petite, n'a qu'une bosse, et que l'on élève de bonne heure à supporter la fatigue des longues courses : quoi qu'il en soit, les uns et les autres ne sont que des races différentes d'une même famille, et l'on a la preuve que ces animaux produisent ensemble.

Ainsi les deux grands animaux à deux

bosses, qui sont dans cet enclos, sont deux chameaux mâles; c'est la race appelée *chameau de Bactriane, chameau turc*, parce qu'elle habite principalement le Turquestan; les deux autres à une bosse sont des dromadaires blancs; ils ont été donnés par le dey d'Alger, et n'ont que huit à neuf ans; mais le véritable dromadaire des Arabes, qui est depuis peu de temps dans ce parc, a été amené d'Égypte. Ses jambes, beaucoup plus fines que celles des autres, indiquent qu'il est propre à la course : on le tient habituellement muselé, parce qu'il est méchant, et pourrait donner des coups de dents à ses gardiens.

Les mœurs des chameaux ne diffèrent pas de celles des dromadaires : ce sont des animaux patiens, sobres, et qui rendent autant de services dans les pays plats et sablonneux qu'ils habitent que les chevaux et les bœufs en rendent dans nos climats; ils ont même cet avantage sur ces derniers, que, quoique portant des fardeaux trois fois plus lourds, et faisant beaucoup plus de chemin dans le même temps, ils ne mangent pas plus que des chevaux; car le dromadaire mâle de la ménagerie ne consomme par jour que trente livres de foin, et la femelle seulement vingt livres.

La réputation qu'ils ont de rester plusieurs jours sans boire n'est point exagérée; mais cela doit s'entendre de ceux qu'on élève dans leur pays natal et que l'on habitue à cette privation, puisque les chameaux de la ménagerie boivent chacun, en été, quatre seaux d'eau par jour.

C'est par les chameaux et dromadaires que se font, dans les pays qu'ils habitent, les transports des marchandises; c'est la réunion d'un grand nombre de ces animaux, avec leurs conducteurs, leur escorte et les marchands, qui composent ces caravanes par les-

quelles se fait le commerce de la Barbarie, de l'Égypte, de l'Arabie, entre
les villes placées dans l'intérieur des
terres : aussi ce précieux animal, qu'on
peut considérer comme la principale
richesse de ces pays, est-il appelé dans
quelques parties de l'Orient *navire de
terre.*

Sans doute quelques personnes de-
manderont pourquoi l'on ne cherche
pas à multiplier en France des animaux
dont on peut retirer de si grands avantages ; mais il suffit de considérer la
forme de leurs pieds pour s'assurer
qu'ils ne pourraient rendre de grands
services dans des pays montueux, et
sur-tout dans des terrains humides.
J'ai vu des chameaux que l'on employait à porter de Mousseau à Paris,
pour la consommation de la maison
d'Orléans, la glace et d'autres objets ;
mais il m'a été facile de me convaincre
qu'un cheval attelé à un tombereau en
aurait fait autant. Les chameaux ou les

dromadaires seraient peut-être plus utiles dans les landes situées entre la Garonne et les Pyrénées ; mais il faudrait faire l'acquisition annuelle d'une certaine quantité de ces animaux, ceux qui sont nés soit en Espagne, soit dans nos climats, n'ayant vécu que peu de temps.

On emploie ici les dromadaires blancs à faire mouvoir une pompe qui fournit de l'eau à plusieurs réservoirs du jardin. Le mâle est indocile et méchant ; mais la femelle est fort douce. Quoique ces animaux soient stupides, ainsi que l'annonce leur physionomie, ils paraissent cependant sensibles à la musique ; car lorsqu'en Arabie les conducteurs veulent ranimer leurs forces et les engager à prolonger la marche de la journée, ils chantent ou jouent de quelque instrument.

La chair des jeunes chameaux est assez bonne ; leur poil, sur-tout celui du dromadaire, se file, et l'on en fait des étoffes.

Les ZEBUS ou *bœufs à bosse*, que l'on met tantôt dans le petit parc à notre droite, tantôt dans celui qui est au-dessous, et au milieu duquel est un bassin, appartiennent à une espèce extrêmement répandue en Asie et dans une partie de l'Afrique. C'est la principale bête de trait des Indiens; et, comme, chez eux, ils courent presque aussi vite que nos chevaux, ils les ferrent, les enharnachent, et s'en servent de préférence à d'autres animaux.

Au surplus, les *zebus*, les *buffles*, les *bisons*, qui sont, selon les uns, des espèces particulières, suivant les autres, des races différentes provenant d'une espèce commune, ont à peu près les mêmes habitudes : c'est principalement du petit bœuf à bosse ou zébu que les bramines ont fait un animal divin, sans doute à cause de son utilité.

C'est ordinairement dans le bassin du parc qui est devant nous que se promènent les CYGNES de la ménagerie.

Le cygne a été de tout temps considéré comme le plus beau des oiseaux
d'eau. Chez les anciens, la mollesse de
ses mouvemens l'avait rendu l'emblême
de la grace, et sa blancheur celle de
l'innocence. Nos ancêtres, moins brillans dans leurs comparaisons, n'en re-
gardaient pas moins cet oiseau comme
le plus bel ornement de nos rivières,
de nos bassins; et c'est à la grande quantité de cygnes qu'on avait rassemblés
aux environs de Paris, qu'une petite
île où ils se retiraient la nuit doit le
nom qu'elle porte encore aujourd'hui.

Quoique ces oiseaux soient répandus
dans les contrées tempérées et même
dans quelques pays chauds, il paraît
cependant qu'ils sont originaires du
nord, et que c'est de là que viennent
les cygnes sauvages qui se répandent
dans l'hiver, soit en Europe, soit sur
les côtes septentrionales des autres parties du monde. L'on conçoit que ces
oiseaux étant tout à la fois conformés

pour le vol et pour la navigation, et vivant également de poissons, d'insectes et de végétaux, doivent profiter de tous ces avantages pour voyager et aller chercher au loin la nourriture, dont des circonstances particulières peuvent les priver dans leur pays natal.

On conçoit aussi que des oiseaux, à qui tant de moyens réunis donnent une grande indépendance, ne peuvent se ployer à un esclavage complet; aussi laissons-nous à nos cygnes appelés domestiques une sorte de liberté, sans laquelle ils n'auraient plus et ces mouvemens gracieux que nous admirons, et ce plumage, dont la blancheur et la propreté se rencontrent rarement dans des oiseaux privés. Malgré cette attention de notre part, on a vu des cygnes, anciens habitans de nos bassins, quitter cette vie paisible pour suivre des troupes de cygnes sauvages qui venaient les visiter en passant; mais il y a lieu de croire que ceux qui abandonnent ainsi la vie domestique ont à se plaindre du peu de soin que l'on a d'eux, ou du lieu qu'ils habitent, et dans lequel ils ne trouvent plus les mêmes agrémens qui les y retenaient.

Les cygnes sont généralement d'un naturel doux; ils vivent en société, soit qu'on les garde en domesticité, soit qu'ils restent dans l'état sauvage. Ils voyagent ordinairement en troupes nombreuses : mais la saison des amours vient quelquefois troubler la paix de ces sociétés, sur-tout lorsque le nombre des mâles dépasse celui des femelles ; alors les rivaux se battent avec beaucoup d'acharnement, et il y a de ces combats qui ne se terminent que par la mort de l'un des combattans : on n'en sera pas surpris lorsqu'on saura que la force que les cygnes ont dans leurs ailes, et l'adresse, la prestesse avec lesquelles ils emploient cette arme sont telles, qu'ils se défendent avec avantage contre les aigles, seuls ennemis qui, dans les contrées septentrionales, osent les attaquer.

A en croire quelques auteurs, les cygnes vivent jusqu'à trois cents ans : ce fait n'est pas prouvé; mais il paraît qu'ils peuvent vivre plus de cent ans. Les anciens ont vanté le chant que le cygne fait entendre à son agonie; et cette fable, devenue célèbre dans ces ouvrages où des imaginations brillantes ont répandu le charme de la poésie, a servi depuis de comparaison pour peindre la douceur, la pureté de style d'un de nos meilleurs écrivains : heureusement la réputation de Fénélon est fondée sur des ouvrages immortels. Ce qu'il y a de certain, c'est que le chant des cygnes sauvages, quoique plus modulé que celui de nos cygnes privés, n'offre que des éclats de voix bruyans et assez semblables aux sons de nos trompettes.

La chair du cygne est moins bonne que celle de l'oie; et l'on n'en servait dans les festins, soit chez les anciens, soit chez nos ancêtres, que par une suite de cet orgueil qui leur faisait servir aussi des paons, dont la chair est encore plus mauvaise. On sait que le duvet qui se trouve au-dessous des grandes plumes s'emploie à faire des houppes à poudrer, des fourrures et des manchons.

Les cygnes noirs, qui faisoient partie du dernier envoi du capitaine Baudin, ont été placés dans les jardins de la Malmaison : il y a quelques années que l'on en possède à Londres de semblables, qui y ont été envoyés de la Nouvelle Galles.

En suivant les contours de ce même enclos, et nous plaçant à la partie du levant de la ruine pittoresque, nous remarquons deux BOUQUETINS mâles, une femelle, et un jeune bouquetin. Quelques naturalistes pensent que cette espèce est la race primitive de nos boucs domestiques : leurs habitudes sont absolument les mêmes ; mais on sent que, faisant leur séjour ordinaire sur le sommet des Alpes et des Pyrénées, ils ont infiniment plus de légéreté que nos boucs et nos chèvres : aussi leur a-t-on pratiqué un logement élevé d'où on les voit se précipiter, puis se poursuivre en remontant par un escalier tortueux qui, pour des animaux moins habitués à sauter de rochers en rochers, serait impraticable. Autrefois on employait le sang de cet animal dans plusieurs maladies.

Le jeune bouquetin est né vers le milieu du printemps dans cette ménagerie ; les père et mère et l'autre mâle ont été amenés à Paris par des paysans du Mont Saint-Bernard.

Les autres parcs à notre gauche, en descendant pour passer sous le pont, ne présentent que des animaux dont nous avons décrit les habitudes en parlant des cerfs et des daims en général. Après avoir traversé sous le pont, nous remontons pour arriver auprès de quelques parcs qui renferment des moutons remarquables à leur queue large, épaisse et grasse, et qui sont généralement connus sous la dénomination de MOU-TONS DE BARBARIE. Cette queue, qui, dans quelques individus, pèse plus de vingt livres, leur est tellement incommode qu'il y a des pays où l'on est obligé d'attacher au derrière de chaque mouton une petite brouette pour la supporter. Au surplus, cette race ne diffère point de celle de nos moutons ordinaires pour les habitudes ; et, quoiqu'elle soit rare dans nos climats, elle est au moins aussi répandue que la nôtre dans le monde habité. En Europe, ces animaux exigent plus de soins que d'autres ; heureusement qu'ils sont beaucoup moins précieux pour nous que ceux appelés MOUTONS D'ESPAGNE que l'on a introduits avec succès en France, et dont la laine fine et crépue présente des produits extrêmement avantageux pour nos belles fabriques de draps.

Nous voici revenus au point d'où nous étions partis, et notre visite de la ménagerie est terminée ; mais, comme parmi les animaux du dernier envoi, fait par le capitaine Baudin, il s'en trouve deux assez curieux, et qui seront peut-être offerts incessamment aux regards des promeneurs, je puis à l'avance les faire connaître, le lecteur étant toujours libre de placer cette description à la place qui lui conviendra.

Ces animaux, l'un mâle, l'autre femelle, et qui viennent de la côte occidentale de la Nouvelle Hollande, ayant été jusqu'ici inconnus aux naturalistes, on conçoit qu'ils n'ont pas encore de nom dans notre langue ; aussi le professeur de zoologie de cet établissement a-t-il cru devoir leur en donner un : il les a nommés PHASCOLOMES. Leurs habitudes, si l'on en juge par leur conformation, doivent tenir de celles de la marmotte, dont ils ont les dents et l.

les jambes de derrière, et de celles des sarigues, la femelle ayant également une bourse sous le ventre : aussi ils se creusent des terriers comme les marmottes, et, sans doute, le phascolome femelle porte, allaite et cache ses petits dans cette bourse, comme le kanguro.

Ces animaux ont le naturel le plus doux, le plus patient. Dans l'état de liberté ils vivent sous terre, dorment le jour, et vont chercher leur nourriture pendant la nuit. Ceux-ci, qui sont fort jeunes, vivent d'herbages, de pain et de lait. Le capitaine du vaisseau qui les a apportés en France, assure que la chair de ces animaux est très-bonne, et, sans doute, si les phascolomes n'étaient pas si rares et si éloignés de nous, ou, qu'en les multipliant, ils ne dégénérassent pas, on pourrait faire un emploi utile de leur fourrure : le nom qu'on leur a donné peut se rendre par la dénomination de *rat à bourse*.

Avant de nous séparer, en nous don-

nant rendez-vous pour la prochaine
promenade, je dois faire une observation assez importante, parce qu'on sera
peut-être à portée d'en faire l'application avant peu. Le Gouvernement
s'occupant à compléter, autant qu'il est
possible, la ménagerie, sans doute elle
s'enrichira bientôt de quelques autres
espèces : l'on n'attend que le temps
propice pour faire venir à Paris des
autruches, une gazelle et d'autres animaux envoyés d'Afrique, et retenus
dans un de nos départemens par les
basses eaux. Mais alors, me dira-t-on,
votre promenade descriptive de la ménagerie sera incomplète ; car vous ne
pourrez pas faire une nouvelle édition
à chaque acquisition nouvelle ? — Ma
réponse sera simple, claire, et j'espère
même satisfaisante. La galerie des quadrupèdes contient, sinon toutes les variétés, du moins à peu près toutes les
espèces connues : celle des oiseaux en
renferme un nombre infini qu'il est

impossible de transporter vivans en France. Dans les promenades qui auront pour objet la visite de ces riches dépôts, [1] nous nous occuperons des mœurs de tous ces animaux : on conçoit donc que, quelles que soient les espèces vivantes qui arriveront par la suite dans les différentes parties de la ménagerie, nous serons toujours à même de les connoître, et qu'il ne faudra pour cela que chercher à la table des noms, placée à la fin de chaque volume, celui de l'animal pour en trouver la description. C'est pour cette raison, par exemple, que la ménagerie de la terrasse de la rivière ayant acquis, pendant l'impression de cette promenade, deux jeunes ours bruns, pour remplacer ceux de Berne, morts il y a peu de temps, je me crois dispensé d'en parler maintenant, notre intention étant de nous

-----

[1] *Voyez* la seconde partie de ces Promenades.

I. 15

occuper des mœurs singulières de cette
espèce, en visitant cette même galerie
des quadrupèdes, où il y en a de conservés.

Quelques personnes regretteront
peut-être que nous ne nous soyons pas
arrêtés à ces boucs, à ces chèvres, à
d'autres animaux qui ont plus de deux
cornes, ou bien qui offrent, dans les
formes de ces cornes, quelque chose de
particulier; mais pourquoi nous appe-
santirions-nous sur ces différences, qui
n'en constituent aucune dans les habitudes des animaux des mêmes espèces,
et qui, dans la plupart, sont dues à des
circonstances inconnues, à ce que nous
appelons ordinairement le hasard ?
Nous verrons dans la galerie des quadrupèdes des exemples beaucoup plus
singuliers de ces monstruosités ; et
les personnes qui seront curieuses d'en
observer un grand nombre pourront
satisfaire leur goût dans les salles
d'anatomie comparée de cet établis-

sement. Au surplus , la grande quantité de monstruosités de ce genre qu'on a pu rassembler prouve que , non seulement les diverses classes d'animaux , mais encore l'espèce humaine , est sujette à offrir de ces variations dues à une foule de circonstances qu'il est impossible de déterminer. Les lois de la nature sont immuables, sans doute, mais les circonstances, les lieux, contrarient sans cesse, et seulement instantanément, la régularité de ses lois. On a vu des familles entières dont les individus ont des mains à six doigts ; singularité qui se perpétue souvent pendant plusieurs générations. Qui n'a pas vu des enfans à deux têtes ? monstruosité qui, pour être fréquente, n'est pas moins toujours remarquée. Les quais sont semés de ces tristes effets de causes souvent inconnues, dont la plupart, n'apprenant plus rien aux naturalistes , font encore l'amusement des oisifs et l'admiration des ignorans. Des volumes entiers sont remplis des détails de ces monstruosités , présentées avec un air de merveilleux qui frappe les imaginations ardentes , et laisse à froid l'homme qui a beaucoup vu , et surtout bien vu. Il n'y a pas long-temps , on cita une poule qui avait les traits de la figure humaine. Au moment où nos Promenades s'impriment , on va voir les hommes couverts d'écailles , et aussi la femme à plusieurs espèces de poils; monstruosité vraiment repoussante : Qu'est-ce que tout cela prouve , sinon ce que nous avons dit d'abord? Pourquoi, en effet, les circonstances , les lieux , ne causeraient-ils pas des variations incalculables dans les œuvres de la nature, lorsqu'au moral nous changeons pour ainsi dire à notre gré le naturel des animaux les plus féroces des diverses classes? Pourquoi des causes imprévues, inconnues, ne feraient-elles pas varier instantané-

ment leurs formes, lorsque nous appri-
voisons certains poissons, les aigles, les
crocodiles, les tigres même ? Ces plantes que nous avons vues dans les deux
premières Promenades, quoique su-
jettes aux mêmes lois générales, ne
varient-elles pas également et momen-
tanément, et par les lieux, et par les
causes imprévues, et plus souvent encore par tous les moyens que la nature
a mis à notre disposition, et que nous
avons puisés dans l'étude de ces mêmes
lois? Ces fleurs doublées par la culture,
ces fruits améliorés par la greffe, sont
aussi des monstruosités aux yeux du
botaniste ; mais celles-là du moins ont
été suggérées à l'homme par l'attrait de
ses plaisirs et de ses besoins. Habituons-
nous donc à voir ces variations passagères avec des yeux libres de préjugés,
et ne nous étonnons pas de cette grande
diversité due à une foule de circonstances, puisque l'observation nous convainc que, s'il n'est pas au pouvoir de

l'homme de changer les lois de la nature, le créateur a du moins laissé à sa
disposition les moyens de varier instantanément les formes, les propriétés de
la plupart de ses productions, et de les
assortir à la diversité de ses goûts et de
ses besoins.

IVe PROMENADE.

Visite des galeries et des salles du premier
étage :

1° De la salle du règne végétal, contenant
des fruits, des semences, des racines,
des échantillons de bois et divers produits
des plantes.

2° Des deux galeries des minéraux ; la première contenant principalement les pierres
et les substances vulgairement appelées
sels ; la seconde contenant les roches, les
combustibles non métalliques et les métaux.

3° De la salle des fossiles.

Par où commencerons-nous ? Tel est
le refrain de toutes les personnes qui
entrent dans les galeries du Muséum
d'histoire naturelle : [1] éblouies et

---

[1] Deux portes servent d'entrée aux galeries
du Muséum : l'une, qui est à côté de la
principale porte d'entrée du jardin, conduit
par un grand escalier aux salles des premier
et second étages ; l'autre, donnant dans

presque embarrassées par la multitude et la variété des objets, elles ne savent sur lesquels arrêter d'abord leurs regards ; elles paraissent d'ailleurs éprouver, dès l'entrée, le regret de ne pouvoir tout examiner, et craignent même de ne pas avoir assez de temps

---

la cour du bâtiment qui fait face à la rivière, y conduit également par un petit escalier. Cette dernière porte n'est ouverte que les jours d'étude. Ainsi je suppose que c'est par le grand escalier que nous montons au premier étage, et qu'arrivés là, nous traversons les galeries des fossiles, des pierres et métaux, pour nous rendre dans celle du fond qu'on peut appeler la SALLE DU RÈGNE VÉGÉTAL. Ce qui frappe le plus lorsqu'on entre dans cette galerie, ce sont les serpens, crocodiles, tortues et autres reptiles conservés qui sont suspendus au plafond, et qui, n'ayant aucun rapport avec la destination principale de cette salle, n'ont été mis là que parce qu'on n'avait pas assez de place pour les ranger dans la grande galerie du second étage avec les animaux de leur classe.

pour parcourir rapidement les objets les plus curieux.

Les unes courent aux métaux les plus riches , les autres aux animaux qu'on leur a dit être les plus singuliers ; celles-ci veulent voir ces pierres précieuses qu'on leur a tant vantées, celles-là ces oiseaux mouches qui sont si petits ; le jeune homme aime mieux commencer par la haute girafe ; un autre desire voir d'abord ce serpent à sonnette , dont on raconte tant de choses effrayantes , et le caméléon merveilleux , et le basilic plus merveilleux encore , et le dragon dont tous les poètes et les romanciers parlent si diversement sans le connaître... chacun dit son mot , exprime un desir particulier , tous parlent et on ne s'entend plus.

Entendons-nous cependant, et surtout raisonnons un peu , s'il est possible : supposons pour un instant que je fasse partie de la compagnie qui

vient d'entrer, et que j'en sois le conducteur : que dois-je faire? Élever la
voix, demander un moment de silence,
pour tâcher de ramener tout le monde
à un même but, à une même opinion.
Dans cette intention, voici ce que je
dis : Que desirons-nous, tous tant que
nous sommes, vieux et jeunes? que devons-nous desirer, et que venons-nous
chercher ici? du plaisir, et peut-être
aussi un peu d'instruction; mais laissons celle-ci de côté pour quelques
momens, et ne songeons qu'au plaisir
que doit procurer la vue de tant
d'objets vraiment curieux. Quel est
le moyen d'en avoir le plus possible?
Est-ce d'effleurer tout, en voyant
d'abord l'élite de tout, en courant
l'un à un oiseau, tandis que l'autre
examinera le serpent, et qu'un troisième nous appellera pour voir un
papillon; non : car si nous voyons
ainsi nous serons trop distraits pour
bien voir, et nous ne jouirons pas de

cette satisfaction, qui naît de celle de communiquer ses sensations pour les faire partager; d'ailleurs, si nous commençons par ce qui parait le plus curieux à chacun de nous, nous ne verrons le reste qu'avec une sorte de dégoût. Que devons-nous donc faire pour soutenir la curiosité et ranimer le desir? suivre une marche simple, et, sans chercher à raisonner nos jouissances, mettre un peu de méthode dans nos visites au Muséum. Ainsi donc, voulez-vous m'en croire? tâchons de lier, autant qu'il est possible, ce que nous allons voir avec ce que nous avons déjà vu. — Je suppose que ce petit discours rallie les esprits, et que les promeneurs, se rangeant à mon opinion, comme étant conforme à l'intérêt général, consentent à différer la visite des minéraux et des galeries du second étage.

La salle dans laquelle nous nous trouvons, et dont les armoires ne con-

tiennent que des objets destinés à l'é-
tude des plantes, tels que fruits, semences et bois de diverses espèces,
complètera en quelque sorte les promenades faites dans le jardin. Il est
rare qu'en le visitant on puisse voir
la plupart des végétaux avec leurs
fruits ; quelquefois aussi, on aime mieux
les voir parés de leurs fleurs ; d'ailleurs, il en est un grand nombre, et
ce ne sont pas les moins curieux, qui
ne donnent point de fruits dans nos
climats ; enfin, plusieurs n'ont pu vivre
que peu de temps dans nos serres,
malgré tous les soins des jardiniers
et tous les artifices que l'art a pu in-
venter pour leur faire en quelque sorte
retrouver le sol et la température de
leur pays natal : c'est ainsi, par exemple, que le giroflier, qui produit les
clous de girofle ; le muscadier, la
vanille, [1] que l'on y a apportés à di-

---

[1] Il y a plusieurs espèces de vanilles en

verses reprises, n'ont pu s'y conserver :
c'est donc une espèce de dédommage-
ment que de pouvoir observer les
fleurs, les fruits, les troncs, les rameaux de plusieurs de ces plantes curieuses, et sur-tout de les voir tels qu'on
les obtient dans les lieux où elles croissent naturellement ; car on sent bien
que le *baobad* (*voyez* Iere promenade,
page 32) donnât - il des fruits dans
nos serres, ces fruits ne pourraient
ressembler, pour la grosseur, à ceux
que cet arbre immense produit au Sénégal ; et du moins ici nous le verrons tel que les voyageurs, et sur-
tout le célèbre Adanson nous l'a dé-

---

pleine végétation , soit dans le Jardin de
l'École, soit dans les serres ; mais l'espèce
qui donne la vanille, que le commerce reçoit
d'Amérique, n'y est pas en ce moment. Le
muscadier y est mort il y a quelques années ;
cependant quelqu'un m'a assuré en avoir vu
un beau pied bien portant dans un jardin
botanique d'Évreux.

crit; et puisque nous ne pouvons voir non plus ce fameux *arbre à pain*, hâtons-nous de chercher, dans ces armoires, le fruit de ce précieux végétal.

Pour ne pas confondre des objets très-distincts, et sur-tout pour éviter les répétitions oiseuses, je ne m'arrêterai pas à décrire les mœurs des animaux suspendus au plafond de cette salle : je répète qu'ils n'ont été placés là que parce qu'ils sont trop grands pour être rangés dans les armoires destinées à la classe des reptiles et des serpens à laquelle ils appartiennent presque tous. Les plus remarquables de ces animaux sont des crocodiles, des caïmans et autres quadrupèdes *ovipares* (qui pondent des œufs) : ce sont tous des espèces de lézards ; et je parlerai de ces animaux en visitant les galeries du second étage où ils sont rassemblés en grand nombre : je ferai aussi mention alors des tortues de terre et de mer

que l'on voit à côté ; les dernières se
distinguent facilement des autres à la
forme de leurs doigts, qui sont réunis en nageoires ; et d'ailleurs elles
sont en général beaucoup plus grandes
que celles de terre. L'espace du milieu
du plafond est rempli par des serpens
dont les plus remarquables sont *le
serpent à sonnette*, que nous verrons
de plus près dans la grande salle du
haut, et le *dépone*, qui est un serpent
du Mexique, le plus grand de ceux
que l'on a conservés dans cette galerie.
Nous parlerons aussi, lorsque nous
parcourrons la classe des poissons, du
poisson scie (ou *squale-scie*), et de
celui qui est à côté, dont le museau
alongé est enflé vers le bout. Aux
deux autres compartimens du plafond,
on a suspendu deux belles tortues de
mer, et enfin, au-dessus de la porte
de la bibliothèque, une peau de très-
grand serpent : on remarquera sans
doute aux deux côtés de cette porte,

et à la boiserie qui fait face, deux
longues défenses sillonnées en spirale :
c'est ce qu'on nomme vulgairement
des *cornes de licorne*, dénomination
absurde, puisqu'il n'a jamais existé
d'animal de ce nom, ni de cheval
portant une corne sur le front : ces
défenses appartiennent au *narval*, vulgairement nommé *licorne de mer*,
parce qu'en effet cet animal habite les
mers du Nord : il est de la classe
des *cétacés*, c'est-à-dire des grands
animaux marins qui ont des mamelles,
et, quoiqu'il soit beaucoup inférieur
en grandeur à la baleine, ses défenses
vigoureuses le rendent tellement redoutable qu'elle fuit à son approche,
et le regarde comme le plus cruel de
ses ennemis.

Cette notice rapide, à laquelle je
me suis arrêté à regret, ne doit pas
nous faire perdre de vue que les principaux objets renfermés dans cette galerie se lient au coup d'œil que nous

avons jeté sur les végétaux. En effet, les armoires qui sont à notre gauche en entrant renferment des échantillons d'une foule de bois sciés en petites planches, et qui offrent des nuances extrêmement variées, ainsi que des tranches sciées horizontalement sur les troncs de diverses espèces d'arbres.

Tout le monde est à portée de faire, sur ces tranches rondes qui présentent la grosseur du tronc, une observation assez curieuse, et qui, à défaut d'autres renseignemens, fournit un moyen de reconnaitre l'âge de l'arbre sur lequel on les a coupées : il suffit, pour cela, de compter les petites bandes environnant le point du centre, lesquelles sont remarquables, sur-tout dans l'arbre vivant, par leur couleur plus ou moins foncée; et, comme on est certain que les arbres croissent en grosseur par l'addition annuelle d'une couche extérieure qui passe de l'état d'aubier à celui de bois, il s'ensuit que chacune de ces bandes indique une année de vie de l'arbre.

Les armoires du même côté contiennent aussi des baumes et résines, que les arbres de l'espèce des pins, sapins, mélezes, térébinthes, etc., laissent découler naturellement, ou qu'on en fait découler, en faisant des incisions à leurs troncs. On sait que la résine commune fait une partie de la récolte des habitans des landes de la France, dans lesquelles il croît beaucoup de pins. Les bougies que l'on remarque sur l'une des tablettes ont été faites avec la cire que l'on a retirée du fruit de l'arbrisseau appelé *cirier*, lequel croit naturellement au Canada et à la Louisiane, et qui même a rapporté des fruits en France : c'est cet arbre que j'ai indiqué dans la première promenade, en visitant le Jardin de l'École et les serres. Un grand nombre d'autres gommes sont employées en médecine. Les morceaux de bois pétri-

fiés ne doivent pas nous arrêter : nous
en reverrons un grand nombre de variétés dans la galerie des minéraux.

On voit aussi, du même côté, diverses écorces curieuses, entre autres, celle
qui tient à une branche de *bois à den-
telle*, et qui est le réseau intérieur que
l'on a étendu avec les doigts : au-dessus,
on en a placé un autre morceau dont
on a fait un fichu ; certaines *écorces de
bouleau*, avec lesquelles on a fait des
plats, des vases : on sait que les Gaulois
s'en servaient au lieu de papier, pour
écrire dessus.

Les *agneaux de Scythie* ne sont que
des morceaux d'une plante de la famille
des fougères, auxquelles on a donné ce
nom à cause de leur forme. Quelques
racines, qu'on a placées dans ces armoires, ont également des formes variées :
les grandes *épines*, qui sont dans les
étages du bas, appartiennent à un arbre, le févier d'Amérique, qui vient
fort bien en France, et que l'on a mul-

tiplié dans les jardins anglais. Mais
cette collection de planches et tranches
d'une foule d'espèces d'arbres, qui n'offrent aux amateurs que des nuances,
des zones, des dessins naturels, quelquefois assez singuliers, ont un tout
autre intérêt pour les personnes qui se
livrent à la botanique, en ce qu'ils sont
principalement destinés à l'étude des
diverses parties intérieures de la tige
et des racines des végétaux.

Les armoires placées soit aux côtés
de la porte de la bibliothèque, soit vis-
à-vis, aux deux côtés de celle de la
galerie des métaux, sont en grande
partie occupées par les herbiers des
célèbres botanistes *Tournefort*, *Vaillant*, etc.

En suivant toujours de gauche à droite, et revenant vers la porte par laquelle
nous sommes entrés, nous parcourrons
les armoires placées parallèlement à la
rue. Les tablettes à hauteur d'appui, et
celles qui sont au-dessous, contiennent

une collection de fruits et de fleurs de
plusieurs arbres que j'ai fait connaitre
en parlant des plantes curieuses des
serres et du jardin de l'École : tels sont
ceux de l'arec, du palmier dattier, des
cocotiers, parmi lesquels on voit des
cocos doubles des Maldives : quelquefois ces fruits, en tombant de l'arbre,
sur le rivage ou dans la mer, vont,
comme d'eux-mêmes, transplanter
leur famille et fonder de nouvelles colonies de cocotiers à plus de trois cents
lieues du pays qui les vit naître. On
conçoit que si le cocotier à fruit dou-
ble eût été commun en France, *La
Fontaine* n'eût pu placer sous son om-
brage ce mécontent qui, trouvant mau-
vais que de gros fruits vinssent à des
tiges frêles, desirait que le chêne rap-
portât des citrouilles ; car un coco de
l'espèce de celui que l'on voit ici, en
lui tombant sur le nez, au lieu d'un
gland, aurait rendu la leçon trop forte ;
et l'on pense bien que les habitans des

îles où il croît ne s'amusent pas à rêver dans une allée d'arbres qui rapportent de pareils fruits.

On devine sans doute que les feuilles que l'on a placées dans la troisième armoire de ce côté ne doivent leur nom de feuilles de *l'arbre d'argent* qu'à la nuance brillante et argentée qu'elles offrent : au surplus, l'arbre qui les porte, et qui est de la brillante famille des protées, perd de son éclat en France, tandis qu'en Afrique on en voit des forêts qui ont en effet l'air d'être argentées.

L'une de ces armoires renferme particulièrement des fruits qui contiennent des filamens soyeux propres à faire des ouates : ils sont en assez grand nombre. Ceux de diverses espèces de *cotonniers* fixent particulièrement l'attention des personnes qui savent que la substance qu'on en retire occupe, dans les différentes parties du monde, des millions de bras, et des machines extrêmement ingénieuses et très-perfectionnées de nos jours.

Les fruits de l'arbre que j'ai décrit sous le nom d'*abricotier de Saint-Domingue*, sont placés au-dessus : on retrouve également ici le fruit du *fromager*, et dans l'étage du bas celui du *cacaoyer*.

Les fruits du genre du citronnier viennent ensuite : parmi eux on remarque un beau *cédrat*, espèce de limon assez commun à l'Amérique, et qui a un léger parfum de bois de cèdre, auquel il doit son nom. La *pampelmousse*, autre orange, qui croît à Surinam et à l'Ile-de-France, et dont le parfum tient de celui de nos fraises, se fait remarquer à côté.

Le fruit du *baobad*, le plus gros des arbres connus, et que j'ai décrit en visitant les serres, se trouve ici : ce fruit a été appelé *pain de singe*; sa pulpe spongieuse contient une eau acide, dont les nègres font usage contre les fièvres putrides : les cendres de ce fruit sont employées par eux à faire, par son mélange avec de l'huile, un assez bon savon.

Le fruit du *savonnier*, que l'on a placé non loin de là, remplace quelquefois aux Antilles le savon même.

Les graines de *l'acajou*, qui fournit le bois si recherché maintenant, les fruits du *gouyavier*, dont les Américains font grand cas, la *graine d'Avignon*, qui fournit aux peintres la couleur appelée *stil de grain*, se remarquent aussi parmi une foule d'autres d'un moindre intérêt.

Le fruit de l'*arbre à cannelle* se trouve ici au milieu de beaucoup d'autres, non moins précieux.

Le *boulet de canon* est le fruit de l'arbre nommé *pekea* : il croît à la Guiane ; les sauvages sont fort avides de l'amande de ce fruit, qui ne doit son nom qu'à sa forme ; les *gousses de casse* sont plus connues : on en voit plusieurs ici.

D'autres fruits et semences, tels que les *glandes du cœur de Saint-Thomas* et les *bonduc*, n'ont guère de curieux que leurs formes : ces dernieres se montent quelquefois en breloques et pendans d'oreilles : on les nomme aussi noix de ben : on en retire une huile qui se conserve très-long-temps sans rancir, et qui par là devient très-utile aux parfumeurs pour conserver les odeurs qu'on lui donne : ces semences sont renfermées dans une gousse ou légume qui croît dans le Zeilan, et que l'on nomme guilandina ben ou moringo : le chicot, arbrisseau que l'on cultive dans quelques jardins, et qui doit son nom à la forme qu'il présente lorsqu'il est dépouillé de ses feuilles, est aussi une espèce de guilandina : l'un et l'autre sont dans le Jardin de l'École.

Les semences de diverses couleurs que l'on voit dans l'armoire suivante sont extrêmement variées; aussi servent-elles à faire des colliers, des bracelets, et autres objets de ce genre; mais un fruit dont le seul nom suffit pour exciter l''intérêt, s'offre à une tablette inférieure : c'est celui de l'*arbre à pain;* malheureusement les fruits conservés dans des bocaux sont ceux de l'arbre à pain des îles Moluques, lequel y croît sans culture, et ne nous donne qu'une idée assez imparfaite de celui qu'on cultive dans l'île des Amis : ce dernier, infiniment préférable, produit des fruits que l'on mange cuits sous la cendre, ou au four, et il en porte une telle quantité, que quelques arbres suffisent pour la nourriture d'une nombreuse famille.

Les *courges,* qui sont à l'étage du bas, ont des formes variées; il en est, comme on voit, qui servent de bouteilles : presque toutes les espèces se cultivent dans divers départemens de la France.

En parlant des arbres résineux, j'ai

indiqué la forme des fruits qu'ils produisent : on a réuni ici ceux de plusieurs espèces : ce sont des cônes de diverses grosseurs.

Les fruits figurés, que l'on a placés avec des productions naturelles, sont des essais qui rappellent l'offre qu'avait faite, il y a dix ans, l'artiste Wenzel, d'exécuter ainsi toutes les plantes : ce qui serait utile sur-tout pour les végétaux rares et curieux, dont on formerait un jardin botanique artificiel, qui les présenterait toujours en pleine végétation.

Dans l'armoire suivante, on a placé des tiges de différentes espèces de plantes de la famille des palmiers, et de celle des fougères ; parmi ces dernières, on en remarque de curieuses, soit par leur grosseur, soit par les dessins très-réguliers en relief, qui ne sont autre chose que l'empreinte due à l'insertion des feuilles ; les *bambous*, qui sont du genre des roseaux

et de la précieuse famille des grami-
nées, sont des végétaux extrêmement
utiles aux habitans l'Inde : l'on voit, par
ceux qui sont ici, qu'il y en a de très-
gros : aussi servent-ils à la construction
de petites maisonnettes, aussi solides
que légères ; et il en est même qu'il suffit
de scier en deux, entre deux nœuds,
pour que chaque moitié, naturellement
creusée, fasse un canot : enfin, au bas
de l'une des armoires qui contiennent
les herbiers, on voit divers échantillons
de toiles d'écorce du *mûrier-papier*.

Je le répète, j'ai dû parcourir rapidement cette galerie, parce que les
objets sur lesquels j'aurais pu m'étendre
n'offrent un véritable interét que pour
le naturaliste ; j'ai d'ailleurs remarqué
qu'on visite toujours cette salle avec
une sorte d'impatience bien naturelle,
à cause du voisinage des autres galeries, qui offrent un attrait plus puis-
sant à la curiosité. Il est impossible
cependant que cette grande variété

dans la forme des fruits que l'on a
rassemblés ici des quatre parties du
monde, ne fasse naître à chaque instant de nouvelles idées bien propres
à intéresser les personnes même les
plus étrangères aux sciences : ces formes semblent être le produit du hasard, tandis qu'il n'en est point parmi
elles qui n'ait une destination connue
ou inconnue. Les unes, ainsi que je
l'ai fait observer, vont, en naviguant
sur le vaste océan, peupler de plantes
nouvelles des îles qui, grace à elles,
présentent un nouvel attrait au voyageur; et il est facile de remarquer, au
nombre de celles-ci, des fruits (du
Martinia, vulgairement *Bicorne*)
qui ont à peu près la longueur du doigt,
et dont la forme, très-favorable aux
voyages de long cours, est absolument
celle d'un petit navire antique; une
foule d'autres qui, semblables au papillon, peuvent traverser les fleuves,
franchir les montagnes, au moyen de

semences couronnées d'aigrettes soyeu-
ses, que le plus léger zéphyr suffit
pour emporter : quelques-unes, telles
que celles du gui, entourées de glu, se
collent au bec des oiseaux, et voyagent
avec eux jusqu'au moment où, sans autre intention que de chercher quelques
insectes entre les gerçures de l'écorce
des arbres, ils implantent ce germe
dans ces gerçures, et se préparent ainsi
une nouvelle récolte ; tandis que d'autres oiseaux laissent tomber, en tra-
versant l'air, les noyaux d'un bois dur,
que leur bec n'aura pu briser, que
leur estomac n'aura pu dissoudre, et
qui, abandonnés sur une terre fertile,
y seront peut-être les premiers habitans d'une nouvelle colonie.

Mais que serait-ce s'il fallait seulement esquisser ici la destination vraiment singulière des autres parties des
plantes, destination indiquée par leurs
formes, et qui nous présente les végétaux sous un point de vue tellement

intéressant, que l'ami de la nature ,
se promenant seul dans un lieu désert
et solitaire, se croit sans cesse au milieu d'êtres intelligens dont il interroge
à chaque pas les mœurs, les habitudes, les besoins. Entouré de ce peuple immense, composé de nombreuses
familles, dont chacune a une physionomie et des traits particuliers, il
admire en passant les plus belles, et
s'arrête devant les plus utiles : chaque coup d'œil qu'il jette vers cette
terre, muette pour tant de gens, lui
rapporte une jouissance, et c'est pour
le naturaliste sur-tout que ces paroles :
La nature chante les merveilles du créateur, renferment une sublime vérité.

Entrons maintenant dans les GALE-
RIES DES MINÉRAUX.

JE sais que, lorsqu'on ne visite un
cabinet d'histoire naturelle que dans
l'intention d'y passer en revue les échantillons les plus curieux de tous les corps

naturels, sans s'occuper de leurs propriétés, il importe peu de suivre un
ordre quelconque ; mais, lorsqu'au dé-
sir de bien voir on joint celui de rapporter quelque souvenir utile, on sent
le besoin sinon de se pénétrer d'un sys-
tème méthodique, et d'en suivre tous
les développemens, du moins d'adopter
de grandes divisions auxquelles on puisse rattacher ses idées. En conséquence,
sans faire ici l'exposition de la méthode
d'après laquelle tous les minéraux sont
rangés dans ces deux galeries, nous
pouvons du moins donner une idée générale des principes sur lesquels elle est
établie.

Cette méthode est fondée à la fois
sur les principes de la plus saine physique et de la géométrie la plus éclairée. C'est principalement par l'application de cette dernière science à la
minéralogie que M. Haüy, à qui l'on
doit l'arrangement des minéraux dans
ces deux salles, s'est rendu véritable-

ment célèbre : cependant, tout en convenant de la clarté des raisonnemens par lesquels il démontre, soit dans ses leçons, soit dans son ouvrage, les principes qui l'ont dirigé, on sentira que cette méthode suppose trop d'habitude des mathématiques en général, et principalement des figures et des termes géométriques, pour que nous puissions faire usage de toutes ses dénominations dans des descriptions rapides destinées aux gens du monde.

Nous croirions donc nous écarter de la marche suivie dès le commencement de ce petit ouvrage, si nous ne rapprochions pas les dénominations les plus connues de celles que les savans ont cru devoir adopter; en tâchant, toutes les fois que l'occasion s'en présentera, de faire sentir aux personnes ennemies de toute espèce d'innovation ce que certaines de ces dénominations nouvelles ont d'utile, et ce que plusieurs, parmi les anciennes, ont de ridicule.

Les principales divisions des minéraux de ces deux salles étant fondées sur la nature des composans des diverses substances, c'est sur-tout aux progrès de la chimie que l'on doit l'adoption des principes sur lesquels elles sont fondées. Les couleurs étant très-variables, les formes, quoique soumises, à beaucoup d'égards, à certaines lois, n'offrant pas toujours un caractère certain, constituent seulement ce qu'on appelle des variétés ; mais, comme les formes, lorsqu'il s'agit d'une substance cristallisée, n'ont pas encore été observées par les gens du monde, on sent bien que nous sommes obligés de négliger cette considération. Il n'en sera pas de même des couleurs, puisque, pour les pierres précieuses principalement, ce sont elles qui, dans le commerce et dans les cabinets des amateurs, ont fait donner des dénominations particulières à des substances qui présentent les mêmes propriétés.

On voit donc qu'il y a plusieurs manières de considérer les minéraux. Les minéralogistes, c'est-à-dire ceux qui étudient ces substances, afin de les distinguer facilement les unes des autres et de les classer méthodiquement, les envisagent d'un autre œil que les lapidaires et les amateurs : les premiers observent une pierre pour connaître sa nature intime, ses caractères distinctifs ; les seconds en font d'autant plus de cas qu'elle est plus rare, plus recherchée, plus brillante, ou plus utile dans les arts. Ces deux salles renferment des objets très-précieux pour les uns et les autres. Nous verrons tout auprès d'échantillons de substances d'un grand prix pour le savant, des pierres peu estimées par ce dernier, et pour lesquelles le jouaillier donnerait les cristaux naturels les plus rares. Il est donc un moyen de doubler nos jouissances, c'est d'envisager ces objets sous les rapports de leurs singularités, de leurs principales propriétés, de leur utilité, et de rassembler ainsi, sous un même point de vue, quelques-unes des considérations qui plaisent au minéralogiste, à l'artiste et à l'homme du monde.

Quand on a embrassé d'un coup d'œil l'ensemble des richesses minéralogiques de ces deux salles, on s'est convaincu qu'il était impossible de suivre exactement, pour leur arrangement, l'ordre indiqué par les méthodes, parce que les échantillons étant d'inégale grosseur, l'emplacement ne peut se prêter à ces arrangemens : aussi les grosses pièces ont-elles été généralement placées dans le bas des armoires, tandis que les petits échantillons de cristaux précieux pour l'étude ont été mis en vue, et que l'on a presque toujours relégué dans les tablettes supérieures les objets qui méritent moins d'attention.

C'est sur-tout en entrant dans les galeries des minéraux qu'il faut se rap-

peler la convention faite précédem-
ment de ménager nos jouissances, afin
d'alimenter les desirs et de soutenir
l'attention. Ainsi donc, au lieu de courir à ces armoires éblouissantes par les
reflets brillans et variés des pierres précieuses, suivons l'ordre établi dans l'arrangement des substances ; cet ordre
d'ailleurs est favorable même à ceux
qui n'ont aucune connaissance, aucun
goût pour la minéralogie, puisqu'en
rapprochant celles qui ont le plus de
ressemblance entre elles, il offre la
facilité de donner des notions générales
sur plusieurs pierres de même espèce
placées fort près les unes des autres, et
d'éviter ainsi des répétitions oiseuses. [1]

---

[1] En sortant de la salle du *règne végétal*,
je suppose que l'on traverse la première galerie qui se présente, laquelle contient les
corps combustibles non métalliques, les roches, les produits des volcans, et principalement les métaux : à la suite de cette galerie est celle des substances connues géné-

Après avoir jeté un coup d'œil sur
cette première armoire qui ne renferme

---

ralement sous la dénomination de pierres :
en entrant dans celle-ci, nous allons de suite
dans l'encoignure à notre droite, et nous
commençons notre visite par l'armoire qui
est à côté de la croisée ; elle est remarquable
en ce qu'au lieu de minéraux elle n'offre que
de petits modèles en bois servant à démon-
trer, d'après le systême de Haüy, la division mécanique et la formation des cristaux
naturels. Ainsi nous allons faire le tour de
cette salle en allant de gauche à droite, de
manière à terminer par les échantillons placés dans les armoires de la face opposée.

Quelques personnes étant peut-être bien
aises d'avoir une idée succincte de l'ordre méthodique qu'on a suivi pour l'arrangement
des minéraux de ces deux salles, nous tâ-
cherons de l'indiquer ici le plus brièvement
qu'il nous sera possible.

Quatre classes ou divisions principales,
auxquelles on a joint trois appendices ou
supplémens, comprennent tous les minéraux
découverts et décrits jusqu'à ce jour.

La première classe renferme les substan-

que de petits modèles propres à étudier la formation des cristaux, ainsi que

ces composées d'un acide uni à une terre ou à un alcali, ou bien à l'un et l'autre.

La seconde est composée de terres quelquefois unies à un alcali, et qu'on peut appeler substances terreuses.

La troisième ne contient que les substances combustibles qui ne sont point métalliques.

La quatrième est composée des métaux.

A la suite sont placées les substances trop peu connues pour être classées avec exactitude ; viennent ensuite les roches et autres échantillons de pierres agrégées, et enfin les produits volcaniques.

Comme les gens du monde qui ont lu quelques ouvrages d'histoire naturelle ont l'habitude de partager tous les minéraux en deux grandes divisions, les *pierres*, les *métaux*,.... rien ne nous empêche, après avoir parcouru les substances qui composent les trois premières classes de Haüy, de jeter un coup d'œil rapide sur celles qu'on n'a pu classer, sur les roches, les produits des volcans, et de terminer par sa quatrième classe, c'est-à-dire par les métaux.

deux instrumens, l'un *(le gonyomètre)* dont on se sert pour mesurer les angles, l'autre (l'*aréomètre* de Nicholson) avec lequel l'on connaît la pesanteur spécifique des substances, en prenant ordinairement pour comparaison le poids de l'eau distillée; nous pouvons considérer ensemble les substances désignées ici sous la dénomination de CHAUX, et dont l'espèce principale, appelée *chaux carbonatée*, occupe presqu'en entier cinq armoires. [1]

Comme la plupart des étiquettes indiquent les formes géométriques de cette pierre lorsqu'elle est cristallisée, et que nous négligeons ces dénominations, nous allons tâcher de désigner le plus clairement possible

---

[1] Pour plus de clarté, j'appelle armoire tout châssis plus ou moins large qui a une division extérieure, sans considérer s'il y a plus ou moins de divisions dans l'intérieur.

celles de ces pierres qui peuvent offrir le plus d'intérêt.

On sent bien que le nom principal indique les minéraux avec lesquels on peut faire de la *chaux* au moyen de la calcination : en effet, toutes ces pierres sont plus ou moins susceptibles d'en donner une plus ou moins grande quantité.

Sans s'arrêter à la chaux carbonatée *grossière*, qui est la *pierre à bâtir des Parisiens*, et à celle qui, ayant les grains plus fins, est la *pierre de liais* dont on fait des carreaux de salle à manger, et même des statues, les regards se porteront sur le gros cristal transparent qui est dans la seconde armoire : il est remarquable par la propriété qu'il a, ainsi que plusieurs autres substances, de doubler les objets que l'on regarde à travers ; celui-ci se nomme *spath d'Islande*. Nous reconnaissons dans la variété de chaux carbonatée, nommée ici *crayeuse*, cette substance vulgairement appelée *craie*, et avec laquelle on fait le *blanc d'Espagne*; celle qui est désignée sous la dénomination de *pulvérulente* est plus généralement connue sous celle de *farine fossile* ou *craie farineuse*.

Quelquefois les *sédimens* que forment la chaux carbonatée présentent de petits branchages, des tubes amoncelés, tels que nous en voyons dans le bas de cette même armoire; quelquefois aussi, en se déposant sur les corps, elle les incruste et en prend la forme : c'est cette variété de chaux carbonatée, nommée *concrétionnée incrustante*, qui nous présente ces plantes, ces nids d'oiseaux, que l'on a placés dans l'armoire suivante. L'eau de la source d'Arcueil, près Paris, forme de semblables dépôts, et l'on conçoit qu'en plaçant des médailles sous un filet de cette eau, on en obtient des empreintes au bout d'un espace de temps plus ou moins considérable.

L'albâtre, avec lequel on fait de

beaux vases, n'est lui-même que le résultat de dépôts successifs de chaux carbonatée concrétionnée : on en remarque ici plusieurs morceaux ; mais, afin de ne point revenir sur des substances de même nature, je dois faire observer que l'emplacement, n'ayant pas suffi pour réunir tous les gros échantillons, on a été obligé de mettre dans le bas des trois premières armoires, qui forment l'angle avec celles que nous visitons, (ce sont les 4ᵉ, 5ᵉ et 6ᵉ après la porte) une énorme *stalactite* dont la substance est la même que celle de l'albâtre ; seulement sa forme, à peu près cylindrique, suffit pour annoncer que le dépôt ne s'est pas fait de la même manière : en effet, on trouve les stalactites suspendues aux voûtes souterraines, a peu près comme les aiguilles de glace qui se forment aux bords de nos toits, lorsqu'un demi-dégel fait fondre une partie de la neige que le froid congèle de nouveau. On nom-

me ordinairement *stalagmite* d'autres
concrétions de même nature, qui sortent des parois latérales, ou du sol des
cavernes : celles-ci ont ordinairement
une forme mamelonnée, et nous en
avons une de ce genre sous les yeux.
Quelquefois les dépôts calcaires, en
s'élevant sur le sol des grottes, vont
joindre les stalactites qui pendent aux
voûtes, et forment, par la suite, de
grosses colonnes : on en remarque de
semblables dans cette même grotte
d'Auxel, d'où l'on a tiré la belle stalactite que nous observons : à côté de
celle-ci se voient des plateaux polis
d'une forme ronde ; ces pierres, qui
sont généralement connues sous la
dénomination de *jeux d'Helmont*,
contiennent toutes un mélange de
chaux, d'argile et de fer ; elles présentent, comme on le voit, des
dessins assez réguliers, et dont les
diverses nuances brunes annoncent
leur coloration par le fer, aussi les

trouve-t-on ordinairement dans des masses d'argile, non loin de ce métal, et même dans des mines de fer : ces jeux d'Helmont ont la forme d'un pain de seigle rond et plus ou moins bis : c'est en les sciant en deux qu'on obtient ces plaques dont on peut faire de petites tablettes à consoles : on en trouve dans divers pays, particulièrement dans les mines de fer d'Aler-Lady en Écosse, et dans une île à l'embouchure de la Tamise.

Mais l'une des plus belles variétés de la chaux carbonatée est celle que l'on a nommée ici *saccharoïde*, à cause de sa ressemblance extérieure avec le sucre : on la connaît plus généralement sous le nom qui lui a été donné dans les arts de *marbre statuaire*, parce qu'en effet on l'emploie à faire des statues, et tout le monde sait que le *marbre de Paros,* si recherché des anciens, est un des plus beaux.

D'autres variétés de marbres aussi

estimées, soit à cause du beau poli qu'elles peuvent recevoir, soit à cause de leurs couleurs, ont reçu, dans le commerce et les arts, des noms dépendans de ces couleurs ou des lieux d'où on les tire; et c'est encore pour ne point revenir sur les mêmes objets que nous jetterons un coup d'œil sur les échantillons polis que l'on a rangés entre les croisées, et qui présentent presque toutes les variétés connues de marbres. Dans ce grand nombre, on remarquera la variété blanche que l'on tire de la fameuse carrière de *Carrare* dont on fait des statues, et le marbre noir mêlé d'un beau jaune, auquel il doit son nom de *portor* (porte-or); tous deux viennent du territoire de Gênes; le *vert campan*, qui doit le sien à la jolie vallée de ce nom; le *serrancolin*, qui vient aussi d'une vallée des Pyrénées, et qui est d'un beau rouge mêlé de gris et de jaune; le *griotte*, qui rappelle la couleur de cette espèce de cérise, est une des variétés estimées du Midi de la France ; mais c'est principalement en Espagne, en Italie, et sur-tout dans la Grèce et les îles de l'Archipel, que se trouvent les plus belles, les plus recherchées.

En revenant aux armoires qui renferment les autres variétés de chaux carbonatée, nous remarquerons, dans la quatrième, celle appelée *quartzifère inverse* : c'est, comme on le voit, une espèce de grès dont les cristaux réunis ressemblent en quelque sorte à des marches d'escalier. Cette variété, connue dans les cabinets des amateurs sous la dénomination de *grès cristallisé de Fontainebleau*, se trouve principalement dans les carrières de la Belle-Croix. Il y a de ces groupes qui pèsent jusqu'à 50 kilogrammes (102 livres.)

La chaux carbonatée, appelée *fétide*, parce qu'elle répand une odeur fort désagréable quand on la frotte, est plus connue sous les dénominations vulgaires de *pierre puante*, *pierre de porc* : il y en a qui prend un assez beau poli.

Dans cette même armoire se voient des substances de plusieurs autres espèces. La *chaux phosphatée*, n'offrant d'intérêt qu'au minéralogiste, et la CHAUX BITUMINEUSE, ne présentant qu'une pierre assez connue sous le nom de *marbre noir de Dinan*, avec lequel on pave les salles à manger, les temples, etc. nous nous arrêterons plus long-temps sur les nombreuses variétés de CHAUX FLUATÉE, dénomination donnée à une substance plus généralement connue et employée dans les arts sous celle de *spath-fluor;* la *fausse amethyste*, la *fausse émeraude*, le *faux rubis balai*, le *faux saphir* et la *fausse topaze*, ne sont que des cristaux violets, verts, rouges, bleus et jaunes de chaux fluatée, à côté desquels on en a placé, dont les couleurs sont moins prononcées. Souvent, au lieu d'employer ces cristaux isolés pour des bijoux de peu prix, on en taille des groupes considérables dont on fait de beaux vases : c'est dans le Derby-shire et le Northumberlang, deux provinces d'Angleterre, que se trouvent les plus belles variétés de cette pierre : il y en a aussi dans les montagnes des Vosges et de la ci-devant Auvergne. L'acide que l'on retire de cette substance, ayant la propriété de corroder le verre, on s'en sert pour le graver.

La CHAUX SULFATÉE est encore mieux connue, puisque la montagne de Montmartre est presque entièrement formée de cette pierre : on la nomme plus communément *gypse*, et aussi *pierre à plâtre*, qui n'est en effet qu'un mélange de cette substance avec la chaux carbonatée. Celle qu'on appelle vulgairement *sélénite*, par analogie entre la lumière pâle qu'elle réfléchit et celle de la lune, n'est que la chaux sulfatée cristallisée. Les lames minces que l'on enlève de ceux de ces cristaux, qui ont la forme d'une lentille, se nomment vulgairement *pierres spéculaires*, et plus communément encore *miroirs d'âne*.

La première armoire, après la porte, offre encore des échantillons de cette substance, ainsi que de deux autres espèces de chaux moins connues des amateurs, quoique l'une ̄ soit plus commune encore que la précédente; en effet, la *chaux nitratée* est cette matière qui, se formant sur les parois des vieux murs humides. des caves, etc., en même temps qu'une autre (la potasse nitratée) que nous verrons plus tard, s'obtient en lessivant les vieux plâtres pour la fabrication du salpêtre. La CHAUX ARSÉNIATÉE, qui est à côté, et dont le nom indique la présence de l'arsenic est assez rare, elle s'appelait autrefois *pharmacolithe*, mot composé, qui signifie pierre empoisonnée.

La BARYTE, placée tant dans cette armoire que dans la suivante, a une de ses espèces bien connue par un caractère remarquable, sa grande pesanteur; c'est celle désignée ici, à cause de sa combinaison avec l'acide sulfurique, par la dénomination de *baryte sulfatée*; c'est le *spath-pesant* des autres minéralogistes. La variété *radiée*, est célèbre depuis long – temps sous le nom *de pierre de Bologne*, parce que c'est avec cette pierre calcinée qu'on obtient le *phosphore*, qui a porté le nom de cette ville; on sait qu'on donne généralement ce nom aux corps qui répandent de la lumière dans l'obscurité; mais les chimistes le réservent maintenant à une substance simple qu'on retire de plusieurs matières telles, par exemple, que les os des animaux, dans lesquels elle est combinée avec la chaux.

L'autre espèce, la *baryte carbonatée* est un poison pour les animaux.

La STRONTIANE, qui doit son nom à Strontian, en Écosse, où on l'a d'abord trouvée, n'est pas encore fort employée dans les arts; une de ses espèces est assez commune à Montmartre.

La MAGNÉSIE, dont une espèce, la *sulfatée*, est employée dans la médecine, a reçu dans les pharmacies plusieurs noms, tels que sel *amer*, sel *de sedlitz*, d'*Angleterre*, d'*Epsom*, *vitriol de Magnésie*, etc.

Les deux armoires suivantes renferment des substances d'une grande utilité dans plusieurs arts.

La POTASSE NITRATÉE, est ce sel appelé *nitre à salpêtre*, ou simplement *nitre* ou *salpêtre*; c'est cette substance qui, purifiée avec soin, s'emploie dans la fabrication de la poudre à tirer, laquelle est composée d'un peu plus de six parties de ce sel, une de charbon léger et une de soufre.

L'eau-forte se retire de cette substance ; aussi la nomme-t-on avec raison *acide nitrique.*

On sera peut-être surpris de ne pas
voir ici la potasse ordinaire ou *potasse
du commerce*; mais celle-ci ne se trouve
pas toute formée dans la nature, et on
l'obtient en lessivant la cendre des végétaux.

La SOUDE offre, dans une de ses espèces (la *soude muriatée*), la substance
la plus communément employée dans
l'économie domestique ; c'est le *sel
marin*, ou *sel commun* que l'on retire,
sur-tout en France, des eaux de la mer
et des fontaines salées par la simple
évaporation. Le *sel gemme* ne diffère
de celui-ci, qu'en ce qu'il se trouve
tout formé dans des mines que l'on
exploite à peu près comme nos carrières : on l'appelle gemme à cause de
sa ressemblance assez imparfaite avec
les cristaux gemmes ou pierres précieuses.

Il y a des mines de sel au Pérou, en Angleterre, en Espagne, dans la Transilvanie et le Tyrol; mais la plus célèbre est celle de Wieliczka, près de Cracovie, dans la partie de la Pologne qui appartient maintenant à l'empereur. Cette mine s'étend à mille pieds (325 mèt.) de profondeur, et les excavations que l'on y a faites, depuis cinq cents cinquante ans qu'on l'exploite, s'étendent à plus d'une lieue (5 kilom.)

Le groupe de cristaux de sel venant de la grotte de Cardonne, qui est dans le bas, donne une idée de la forme que ce sel affecte en se cristallisant.

La SOUDE BORATEE n'est autre chose que le *borax* appelé aussi *tinkal* dans le commerce, lorsqu'il est brut et tel qu'il nous vient ordinairement des Indes; l'on est obligé de le purifier avant de l'employer dans les arts, où il sert comme excellent fondant propre à souder l'or, l'argent et d'autres métaux. Quelques voyageurs prétendent qu'on le trouve tout formé dans plusieurs parties de la Perse, dans l'île de Ceylan, au Thibet, etc.; d'autres assurent qu'on le compose à la Chine; ces deux récits peuvent être exacts : plusieurs des substances que l'on trouve isolées, ou presque telles dans la nature, se retirant également par des procédés chimiques d'autres matières avec lesquelles elles sont combinées.

La SOUDE CARBONATÉE est ce sel si anciennement connu sous le nom de *natron*, qui n'est lui-même que celui d'un lac célèbre en Égypte par la grande quantité qu'on en retire. Le natron se trouve en Europe sur la surface des murs comme le nitre; il est contenu en grande quantité dans différentes plantes qui croissent aux bords de la mer; c'est du nom de *kali*, donné à quelques-unes des plantes dont la cendre est la *soude du commerce*, que vient le nom d'*alkali* que portent les sels de ce genre dans la plupart des ouvrages de chimie et d'histoire naturelle.

L'AMMONIAQUE MURIATÉ, connu sous la dénomination de *sel ammoniac*, ne se tirait autrefois que de l'Égypte; et l'on dit que le nom qu'il porte lui vient du temple de Jupiter *Ammon*, près duquel on le fabriquait avec la suie provenant de la fiente de chameau brûlée : c'est encore la manière dont on l'obtient en Perse et dans l'Égypte; mais depuis qu'on a étudié la nature de cet alkali, et qu'on a vu que toutes les matières animales en putréfaction en contiennent, on en a établi des fabriques en Europe; il y en a plusieurs en France, dont une près de Paris.

Ce sel est employé en médecine, sur-tout dans quelques potions fondantes; mais la plus grande consommation qu'on en fait est pour l'étamage et la soudure des métaux, et dans la teinture pour donner de l'éclat aux couleurs.

Avant de passer à une classe de pierres, sinon plus intéressantes par leurs produits, du moins plus brillantes et

plus recherchées par le luxe, nous ter-
minerons celle-ci par l'ALUMINE SUL-
FATÉE. (A l'armoire suivante) c'est
l'*alun*, substance précieuse à laquelle
nous devons les qualités de la terre appelée argileuse , si utile pour les ouvrages de poterie, etc. ; l'alun du commerce est principalement employé dans
la teinture des étoffes, pour donner
plus de solidité aux couleurs ; dans les
papeteries, pour donner du corps au
papier; par les chandeliers, pour en donner au suif , etc.; il reçoit plusieurs dénominations dépendantes de ses formes,
et des lieux d'où on l'a d'abord apporté
en Europe. Maintenant on en fabrique
en France, et la manufacture de Javels,
près de Paris, est sur-tout renommée.

Les QUARTZ, pierres très répandues
dans la nature, et qui se présentent
sous des formes et des couleurs extrêmement variées, garnissent presque
seuls cinq armoires. Nous examinerons
d'abord cette pierre dans son plus

grand état de pureté, et telle qu'elle,
s'offre ici, dans la première et la seconde, avec la désignation de *quartz
hyalin*, c'est-à-dire qui a une apparence vitreuse. Le plus transparent,
celui que Haüy nomme *quartz hyalin
limpide*, est généralement connu sous
le nom de *cristal de roche* : on a
placé dans le bas de ces armoires et
des suivantes de beaux échantillons de
ces cristaux, et l'on doit remarquer que
chaque aiguille a la même forme, c'est-
à-dire le même nombre de côtés, qui
est de six, plus ou moins grands,
terminés par une pyramide à six faces,
plus ou moins marquées, mais dont
la trace existe toujours.

Tout le monde sait que le cristal
de roche s'emploie à faire des vases,
des lustres, des bijoux, et qu'on est
parvenu à l'imiter pour l'éclat, mais
non pour la dureté.

Le cristal de roche n'est pas toujours d'un blanc d'eau limpide; sou-

vent il est coloré par des substances qui n'altèrent point sa transparence, ainsi qu'on le voit par le grand nombre de cristaux naturels et taillés qu'on a rassemblés ici ; alors il prend des noms dépendans de ces couleurs. Pour le minéralogiste, c'est toujours du quartz hyalin auquel il ajoute le nom de la couleur, mais l'homme du monde ignore quelquefois que certaines pierres, qui portent les noms des pierres précieuses, ne sont que des cristaux de roche colorés par la nature. Ainsi, *le saphir d'eau* ou *saphir occidental* est un cristal de roche bleu ; le rouge se nomme *rubis de Bohême* ou de *Silésie* ; le jaune, la *topaze occidentale* ou de *Bohême* ; le brun est la *topaze enfumée* ; le vert-obscur est ce que les Allemands appellent la *Praze* ; *l'hyacinthe de Compostelle* est un cristal de roche d'un rouge sombre ; lorsque la substance est informe, c'est le *sinople*.

Il paraît que les couleurs naturelles du cristal de roche sont très-fugitives; car, comme il y en a peu de jaunes, c'est ordinairement en chauffant certains cristaux noirs dans un creuset avec du sable qu'on leur donne cette belle couleur jaune ; les cristaux violets, appelés *amethystes occidentales,* sont assez estimés; mais il faut bien se garder de les mettre au feu, car ils deviendraient tout à fait blancs.

Maintenant il est facile d'appliquer ces différens noms aux pierres taillées et autres, et de classer ainsi, au seul aspect, celles qui n'ont pas d'étiquette. On pense bien que le *cristal irrisé* doit son nom aux couleurs variées de l'iris ou arc-en-ciel.

La variété appelée *aëro-hydre* est assez recherchée des amateurs : c'est un cristal de roche qui renferme une goutte d'eau mobile.

Les *diamans d'Alençon,* les *cailloux* de *Cayenne,* du *Rhin* et de *Médoc,* sont aussi de petits cristaux de roche, la plupart roulés par les eaux.

Si l'on trouve communément de très-petits cristaux, très-limpides à la surface de la terre, et sur les bords des rivières, il y a certaines cavités de montagnes qui en contiennent de très-gros. Ces cavités, qui ressemblent en quelque sorte à des salles de cristal, se nomment *fours à cristaux*; malheureusement il n'y en a guère que dans les plus hautes montagnes, et dans des lieux quelquefois peu accessibles. Nous verrons dans les dernières armoires de cette salle des vases et des boules de cristal qui prouvent, par leur grandeur, qu'il y a des prismes de cristal très-gros; cela ne surprendra pas, lorsqu'on saura que l'on conserve, dans un dépôt du Muséum, un morceau de cristal donné à la France par les états du Valais, lequel pèse plus de 800 livres, (plus de 400 kilogrammes) quoiqu'il n'y

ait que l'extrémité du prisme, ce qui
annonce que le prisme entier pesait
peut-être 3 à 4 milliers.

Les AGATES, dont on a réuni un
grand nombre de variétés, sont bien
aussi des quartz ; avec cette différence
que cette pierre, au lieu d'être cristallisée comme les précédentes, n'est
formée que par *concrétion* ; et, par ce
mot, on entend assez généralement un
assemblage de molécules (petites parties) qui, se faisant sans ordre, ne
présente aucune forme déterminée.

Les agates ayant des couleurs très-
variées, les amateurs n'ont pas man-
qué de donner à chacune des noms qui
feraient croire que ces nuances changent la nature de ces pierres ; ainsi
l'agate rouge est connue sous le nom
de *cornaline;* celle qui est de couleur
orangée, ordinairement sombre, est la
sardoine; la verte un peu transparente,
est la *Praze;* celle qui a un blanc laiteux et une légère transparence, est la

calcédoine, appelée *cacholong*, lorsqu'elle est presque opaque.

On nomme *onix* les agates qui ont plusieurs bandes de diverses nuances plus ou moins parallèles ; ainsi, les *cailloux d'Égypte* sont des agates-onix, dont les couleurs sont ordinairement brunes et très-tranchées.

Les *sardonix* ne diffèrent des autres sardoines qu'en ce que les bandes colorées ont également des couleurs tranchées ; mais on donne plus particulièrement ce nom aux agates qui, étant formées de couchées successives diversement colorées, ont d'autant plus de prix qu'elles offrent à l'artiste les moyens de les tailler, en tirant parti de ces diverses couches, pour faire de petites figures à la fois sculptées et colorées ; enfin, le caractère des agates *arborisées* est assez indiqué par leur nom. Toutes ces variétés s'emploient à faire des médaillons, des boîtes, des vases ; et l'on fait avec les plus communes des mortiers et des polissoires pour les étoffes.

Les amateurs ont conservé à ces pierres les noms des lieux où elles ont été trouvées, ou plutôt remarquées pour la première fois. La sardoine doit le sien, soit à l'île de Sardaigne, soit à Sarde, dans l'Asie mineure; et l'on sait que la ville de Calcédoine était située sur le Bosphore, vis-à-vis de Constantinople; mais les minéralogistes, ne considérant que la nature de ces pierres et la manière dont elles se forment, ont dû placer parmi les agates le *silex* ou *pierre à fusil*, nommé quartz-agate *pyromaque*, et la *pierre meulière*, qui a un aspect carié, et qu'on a désigné par le surnom de *molaire*.

A la suite des agates se trouvent d'autres quartz, parmi lesquels on remarque dans les *résinites*, dénomination qui rend assez bien leur apparence résineuse, l'*opalin*, qui est l'*opale* ordi-

naire ; mais la plus curieuse des variétés des résinites est l'*hyrophane*, mot
composé, qui exprime la propriété que
cette pierre a de devenir transparente,
lorsqu'on la plonge dans l'eau.

Les *jaspes* sont aussi des quartz qui
different des précédens, principalement
par leur cassure rude au toucher , et
terreuse. On a placé ici ses diverses
variétés, qui reçoivent, dans les cabinets des amateurs, des dénominations
très-variées, en raison de leurs couleurs : il nous suffira de rappeler les
principales, et de les appliquer aux
nombreux échantillons bruts ou polis
rassemblés sur les tablettes de cette
armoire.

Sans doute, il est inutile d'expliquer
les noms de *jaspe rubanné*, de *jaspe
agaté*, de *jaspe onix*, *panaché*, *vei-
né*, etc.; mais, parmi les variétés les
plus recherchées, nous indiquerons le
jaspe fleuri, qui est ordinairement
panaché de trois couleurs ; l'*universel*,

panaché d'un plus grand nombre ; le *sanguin*, qui a des taches rouges sur un fond vert, et le *jaspe héliotrope*, qui diffère peu de celui-ci, et se rapproche des agates par une légère transparence.

La dénomination de quartz *pseudomorfique*, mot qui signifie *forme trompeuse*, a été donnée à tous les quartz qui ont conservé les formes ou les empreintes des corps étrangers sur lesquels ils se sont en quelque sorte moulés. L'on conçoit en conséquence pourquoi l'on a placé ici des échantillons de *bois pétrifié*, lequel n'est en effet que du quartz agate qui, en remplaçant les fibres du bois, en a conservé en quelque sorte l'apparence ; c'est ce qu'on remarque aussi dans le *quartz-agate conchiloïde*, qui s'est moulé sur des coquilles, sur des oursins et autres animaux de ce genre.

Nous voici arrivés à des pierres beaucoup plus rares, et fort recherchées à cause de leur éclat et de leur dureté. La première est le *zircon*, plus connu sous le nom de *jargon*, et que les lapidaires nomment aussi *diamant brut de Ceylan* : ses couleurs sont variées ; et comme les amateurs donnent presque toujours le nom d'hyacinthe aux pierres d'un rouge assez foncé, ils appellent aussi le zircon *jargon d'hyacinthe*. Il paraît que ce nom de jargon a été donné fort anciennement à cette pierre, pour annoncer, en quelque sorte, qu'elle parle aux yeux un langage faux, qui ne doit pas engager à la prendre pour un diamant.

L'armoire suivante nous offre les pierres les plus intéressantes pour les amateurs, et les plus estimées par les jouailliers, puisqu'elle renferme, outre la *cymophane*, qui n'est recherchée que du naturaliste, les télésies et les spinelles.

L'espèce appelée TÉLÉSIE par Haüy, comprend seule sept pierres précieuses, différentes de couleurs, et qu'on était

loin de soupçonner devoir un jour être
réunies; mais, quoique l'examen de
leurs propriétés ait prouvé la nécessité
de cette réunion, on aura de la peine
à habituer les gens du monde à considérer le *rubis oriental*, la *topaze* et
l'*amethyste orientales*, comme des pierres de même espèce, et qui ne diffèrent entre elles, qu'en ce que la première est rouge, la seconde jaune, et
la troisième violette : rien n'est cependant mieux démontré. Il en est de
même du *saphir oriental*, du *saphir
blanc* des lapidaires, et du *saphir
mâle* ou *indigo*, qui sont des télésies bleu d'azur, limpides et bleu-in-
digo. Mais ce qui suffirait pour prouver aux personnes les plus incrédules
combien il est utile de ne point adopter de définitions vagues en minéralogie, c'est qu'il n'est pas rare de rencontrer des télésies que les amateurs seraient
fort embarrassés de dénommer, puisqu'elles présentent à la fois les couleurs

des topazes et des saphirs : je me rappelle d'avoir vu, dans le Cabinet d'Histoire naturelle de Chantilly, une très-
belle pierre précieuse de cette espèce,
qui était en partie rouge et en partie
jaune, et qu'on pouvoit conséquemment
appeler *rubis-topaze* ou *topaze-rubis*.

Tout le monde reconnaîtra, dans les
pierres désignées ici par le nom de
SPINELLE, des variétés de rubis de trois
nuances différentes, et qui prennent
aussi chez les bijoutiers des désignations
particulières : le rouge rose est le *rubis
balais ;* celui qui est d'un rouge vif,
tirant sur l'écarlate, est le *rubis spinelle ;* et ils nomment *vermeille,* celui
qui est d'un rouge orangé.

Les deux espèces de pierres placées
sous la dénomination de TOPAZE et
d'ÉMERAUDE renferment, l'une, des
couleurs très-différentes et très-pro-
noncées ; l'autre des nuances assez variées de vert, de bleuâtre et de jaunâtre.

Nous avons vu la topaze orientale,

qui est la plus chère de toutes, placée avec les télésies; nous devons donc nous attendre à ne plus voir sous cette dénomination que des pierres qui se ressemblent par leurs principaux caractères, mais qui sont loin d'avoir la dureté de la télésie jaune ou topaze orientale.

Rien ne prouve mieux, d'ailleurs, combien on est mal fondé à donner un même nom aux pierres d'une même couleur, que l'exemple que nous offre ici la *topaze de Sibérie*, qui est absolument limpide, et que les lapidaires mêmes sont forcés de ranger au nombre des topazes; nom qu'ils n'accordaient cependant qu'aux pierres jaunes.

Les lapidaires et les amateurs sont plus embarrassés encore lorsqu'on leur présente des pierres rouges assez brillantes, telles que celles qu'on voit ici, sous la dénomination de *topaze rouge;* presque toujours ils la confondent avec le rubis balais, quoiqu'elle en diffère

essentiellement par un caractère très-
remarquable, la propriété de doubler
les objets, [1] que le spinelle rouge-
rose, ou véritable rubis balais, n'a pas.
Quelquefois aussi ils confondent avec
ce dernier des topazes du Brésil, que
l'on a chauffées fortement, et qui, par
là, ont acquis une couleur rose qu'ils
conservent.

Les amateurs reconnaîtront ici les
topazes de *Saxe*, du *Brésil* et d'*Inde*;
la première d'un jaune pâle, la seconde
d'un jaune roussâtre, la troisième d'un
jaune de safran. Les autres topazes,
de nuances très-variées, sont moins
connues des gens du monde, parce qu'on
ne les emploie que rarement en bijoux.

Parmi les émeraudes, dont on a réuni
ici les diverses variétés connues, on
remarquera l'*émeraude du Pérou*, qui

---

[1] Nous avons observé cette propriété d'une
façon très-marquée dans le spath d'Islande
(page 209.)

est la plus estimée ; elle se distingue particulièrement à sa couleur d'un vert foncé et comme velouté. Les lapidaires recherchent sur-tout celles qu'ils appellent *de vieille roche*, parce qu'en effet on assure que la mine d'où on la tirait n'est plus connue, et ils les paient beaucoup plus cher que celles qu'on apporte maintenant du Pérou. On attribuait autrefois à cette pierre des propriétés merveilleuses pour certaines maladies.

L'émeraude d'un vert pâle est mieux connue sous le nom d'*aigue-marine* ou *Béril*.

On trouve en France des émeraudes qui n'ont point de prix pour les lapidaires ; et l'on doit remarquer que la grosse pièce d'émeraude placée dans l'étage du bas de l'armoire suivante, et qui a été tirée de la colline de Barat, près de Limoges, ne pourrait être employée à faire des bijoux.

Cette même armoire nous offre des

fragmens plus ou moins gros d'émeraudes cristallisées et non cristallisées, et trois autres espèces de pierres, dont une seule, le GRENAT, intéresse les amateurs : on estime sur-tout le *grenat syrien*, qui est d'un rouge foncé, tirant sur le pourpre, et on le distingue de celui qui a la couleur du coquelicot, que l'on nomme vulgairement *grenat de Bohême*, et du rouge vermeil, appelé simplement *vermeille* par les lapidaires : les plus petits se montent en bagues, en colliers ; on fait avec les autres des vases, tels que la petite tasse qu'on voit au-dessous des cristaux naturels.

Les dénominations vulgaires données aux grenats annoncent qu'on en trouve dans divers endroits ; mais on sent bien que ce n'est qu'aux belles variétés que les anciens ont donné le nom d'*escarboucle*, que quelques auteurs ont attribué à un rubis.

Nous passerons rapidement sur les

différentes pierres, placées ici sous des noms qui indiquent un de leurs caractères les plus apparens; elles sont inconnues des gens du monde, et ne sont employées ni par le luxe, ni dans les arts utiles. Le *feld-spath*, (c'est-à-dire spath des champs) est la seule qui les arrêtera un instant par les belles variétés qu'elle présente, parmi lesquelles ils reconnaîtront la *pierre de Labrador*, à son aspect *opalin* et chatoyant, et l'*aventurine*, appelée ici feldspath *aventuriné*, qui est semé de points jaunes ou blancs, sur un fond rouge foncé ou blanc, et que l'on imite en mêlant de la limaille de cuivre dans du verre de couleur, lorsqu'il est en fusion.

Le CORINDON, que nous appelions autrefois *spath adamantin*, est une assez jolie pierre, mais qui n'est pas plus employée que la plupart des suivantes.

Dans les TOURMALINES, on remarque celle qui est verte, et que les lapidaires nomment improprement *émeraude du Brésil.*

Presque toutes les autres espèces, placées entre la tourmaline et la lazulite, sont mises par la plupart des minéralogistes avec les pierres qu'ils appellent *schorls*.

La LAZULITE, que l'on nommait autrefois *pierre d'Arménie*, est très-connue sous le nom de *lapis lazuli*, ou simplement de *lapis*, et *pierre d'azur*; on la recherche, non seulement pour en faire des ornemens de prix, mais encore parce qu'on en retire cette couleur bleue appelée d'*outre-mer*, employée dans la peinture, et qui est à la fois la plus belle et la plus durable de toutes.

A la suite de plusieurs autres minéraux, peu remarquables pour nous, on a placé le MICA, substance fort commune dans différentes contrées, et auquel on a donné des noms dépendans des usages auxquels on l'emploie, ou bien de l'aspect sous lequel il se présente : c'est ainsi qu'on a nommé *argent*, et *or de chat*, le mica qui présente les couleurs de ces deux métaux ; *poudre d'or* le mica *pulvérulent* que l'on met sur l'écriture, ou que l'on fixe snr des joujoux d'enfans et sur d'autres objets que l'on veut brillanter ; et *verre de Moscovie*, le mica *foliacé* en grandes feuilles, parce qu'on l'emploie, soit dans ce pays, soit en Sibérie, au lieu de carreaux de verre : c'est aussi au même usage qu'on l'emploie pour les fenêtres de vaisseaux, parce qu'étant élastique, il supporte sans se briser les vibrations occasionnées par le canon : on en a placé ici de beaux carreaux.

Non loin du mica est une substance, dont une variété, l'ASBESTE *flexible*, est fameuse depuis long-temps sous les noms d'*amiante* et de *lin incombustible*.

Quand ses filamens sont un peu longs et souples, on peut les filer ; et, comme l'asbeste ne se fond pas à la chaleur ordinaire de nos foyers, l'on en fait une toile, que l'on peut jeter au feu pour la

blanchir ; aussi les anciens s'en servaient - ils pour envelopper les corps
des rois qu'ils brûlaient, et dont ils
recueillaient les cendres. On sent bien
que cette substance n'étant pas fort
commune, les toiles d'amiante, dont
on prétend que certains princes ont eu
des services de table, n'offrent qu'un
objet de curiosité.

Le TALC, que beaucoup de minéralogistes ont mal à propos confondu avec
le mica, se présente aussi sous des aspects variés qui lui ont valu différens
noms : celui qui est gras, *stéatiteux*, se
nomme *craie d'Espagne* ; le talc *écail-
leux*, et comme feuilleté, est la *craie
de Briançon* ; le talc *ollaire* (dénomination empruntée du latin *olla*, mar-
mite) s'emploie à faire des vases que
l'on façonne au tour ; mais la variété
dont on fait le plus d'usage en France
est le *talc de Venise*, désigné ici par la
dénomination de *laminaire* : c'est cette
substance douce et onctueuse que l'on

colore avec la plante appelée carthame, et que l'on vend sous le nom de *rouge* pour le teint.

Là finit la seconde classe des minéraux. L'armoire suivante et la dernière du même côté, ne contenant que des substances dont la nature n'est pas bien connue, ne peuvent arrêter les amateurs, qui seront bien dédommagés par les deux armoires placées entre celles-ci, lesquelles leur offrent des morceaux de choix polis, travaillés, et la plupart d'un très-grand prix : tels sont ces grands vases, ces burettes, ce plateau et cette boule de cristal de roche, plus précieux par le travail que par la matière; telles sont encore ces petites tablettes polies qui présentent les plus jolies variétés d'agates, de jaspes, de marbres, de *pouddings* (ou petits cailloux agglutinés par une pâte dure qui prend un beau poli); les douze petites colonnes de *prime-d'amethyste* (c'est du quartz presque transparent);

ces deux beaux vases à fleur de lazulite
(lapis lazuli); deux autres d'une couleur grise olivâtre, et qui sont d'une
pierre beaucoup moins précieuse, appelée *serpentine;* une cuiller de *jade,*
substance verdâtre qui a un œil gras et
une grande dureté; de belles pierres de
Florence représentant des ruines, etc. ;
enfin un grand nombre de boites, de
coupes et d'autres objets de prix qu'on
a réunis dans ces deux armoires comme
pour donner une idée du parti que les
arts savent tirer de cette foule de substances que nous rencontrons sans cesse
sous nos pas, sans soupçonner l'éclat
et la valeur que l'industrie peut leur
donner.

Nous avons parcouru rapidement les
échantillons d'albâtre et de marbre
rangés dans les entre-croisées (pages
210 et suiv.); passons maintenant dans
la SECONDE GALERIE DE MINÉRAUX.

EN entrant dans cette galerie, qui

est en grande partie destinée aux métaux, prenons de suite à notre gauche,
en nous dirigeant vers les croisées. Les
armoires de ce côté ne contiennent que
des AGRÉGATS, c'est-à-dire un grand
nombre de variétés de pierres dans
lesquelles les substances que nous avons
vues dans l'autre galerie sont agrégées; on les nomme généralement des
ROCHES : parmi celles-ci, les plus
connues et les plus estimées sont le
granit et le *porphyre*, dont on a ras-
semblé de beaux échantillons : on remarque de belles tablettes de cette dernière dans le bas de la seconde armoire
et de deux des entre-croisées. Dans la
belle collection de granits de l'île de
Corse donnés par le Premier Consul,
et qui seule remplit deux armoires, on
remarquera celui que quelques naturalistes ont désigné (ainsi que je l'ai fait
dans un petit ouvrage élémentaire) par
la dénomination de *granit de Corse*,
et ici sous celle de *granitelle globuleux*.

En passant devant les croisées, il est inutile, d'après les considérations que nous avons exposées au commencement de cette promenade, de s'arrêter aux figures géométriques qui présentent les formes des cristaux : le bas est garni par des tablettes, en pièces rapportées, qui présentent des échantillons de marbre, de granit, etc., ainsi que par une belle table d'albâtre. En arrivant à la face opposée, et commençant par les deux armoires qui font l'angle avec le côté des croisées, on remarque la suite des agrégats ; mais ceux-ci sont séparés des précédens par une considération qui sera long-temps encore l'objet de grandes discussions entre les naturalistes, puisqu'il s'agit du partage de ces minéraux, d'après leur rang d'ancienneté, ou de la classification qui sépare ceux que nous allons observer des roches que l'on croit être aussi anciennes que le monde.....

« Avocat, passez au déluge, » vont s'écrier les promeneurs.

L'argile, ou, si l'on veut, les *pierres argileuses*, se présentent dans cette première armoire sous divers aspects et différentes couleurs : leur place, parmi les agrégats, indique assez que l'argile est unie à d'autres substances. C'est dans cet état de mélange que se présentent, dans la nature, les argiles *tabulaires*, c'est-à-dire en grandes tables d'un bleu foncé; les *tégulaires*, qui sont les ardoises de nos maisons; la *novaculaire* grisâtre, qui est la *pierre à rasoir* des environs de Liége; le *crayon noir* des charpentiers, ou *pierre noire;* le *crayon rouge* des dessinateurs, qui sont également des pierres argileuses colorées par le fer.

Comme nous avons déjà observé des échantillons de pouddings et de pierres de Florence, tels que ceux placés dans la seconde armoire, nous nous arrêterons davantage au *grès micacé flexible* du Mexique, comme présentant une propriété fort rare dans ce qu'on nomme vulgairement les pierres ; mais la flexibilité du mica, que nous avons observée (pag. 244), nous donne l'explication du phénomène qu'offre celle de ce grès ; car tout porte à croire que c'est aux parcelles de cette substance, interposées entre celles du gres, qu'il doit cette qualité.

Le *lumachelle*, marbre fort recherché pour les bijoux et objets d'ornemens, doit son éclat à celui des coquilles dont il est formé, et ses belles couleurs à des dissolutions métalliques ; le marbre *cervelas*, dont le nom indique assez bien l'arrangement des couleurs, est placé loin des autres marbres ou chaux carbonatées, parce que l'argile entre dans sa composition avec cette dernière substance.

C'est sur-tout dans les *marbres brèches*, que l'agrégation de différentes pierres calcaires est tres - remarquable ; enfin, on doit voir que le *grès*, dont les diverses variétés servent à

paver nos rues, à filtrer l'eau dans nos
fontaines, à aiguiser les outils, à re-
passer les rasoirs, est placé dans ce
même ordre, et ne diffère qu'en ce
que sa finesse rend chaque variété propre à l'un de ces usages.

Les produits des *volcans* garnissent
les trois autres armoires : ces laves
s'offrent sous des formes et des couleurs
qui diffèrent d'autant plus que les substances qui les composent étaient plus
différentes avant la calcination, la fusion, ou les autres grands changemens
qu'elles ont subis ; car, si la plupart
attribuent ces changemens au feu,
quelques autres croient qu'ils sont dus
à l'action des eaux ; ce qui partage les
naturalistes en *vulcaniens* et *neptu-
niens*. Quoiqu'il en soit, quelques-uns
de ces produits servent à faire des vases, des dessus de tables : certains,
fondus de nouveau, font de bonnes
bouteilles ; l'usage de la *pierre ponce,*
qui est aussi un produit volcanique, est

fort connu ; et , quant à ces beaux échantillons de lave vitreuse noire , nommée
vulgairement *pierre obsidienne* , c'est
cette variété que les anciens Péruviens
polissaient pour s'en faire des miroirs.
Là finissent les minéraux que Haüy a
placés dans des divisions particulières
ou appendices.

Les deux premières armoires après
la porte renferment les combustibles
non métalliques : ils sont très-peu
nombreux.

Le *soufre*, qui se trouve *natif*, c'est-
à-dire pur, isolé, s'offre plus ordinairement mêlé ou combiné avec d'autres
substances, et sur-tout avec plusieurs
métaux dont le minérai prend alors le
nom de *pyrite :* on le trouve aussi sur
beaucoup de produits volcaniques ; et
c'est sous cette forme que nous avons
pu le remarquer dans une des armoires
destinées à ces produits.

La plupart de ses usages sont connus :
les médecins l'emploient intérieure-

ment et extérieurement pour les maladies de la peau ; on le fond pour faire certains moules, pour obtenir des empreintes de médailles, pour sceller le fer à cause de l'adhérence qu'il contracte avec ce métal, et c'est au soufre que l'on doit la couleur bleue de la flamme des feux d'artifices.

Quelques personnes seront sans doute surprises de voir le DIAMANT au nombre des substances combustibles, lorsque son éclat, sa dureté, le mettent au premier rang des pierres précieuses. Ces deux places lui conviennent également ; et, sans rapporter ici les belles expériences qui prouvent que le diamant brûle en effet sans laisser de résidu, nous sommes persuadés que les amateurs, qui n'ont lu que d'anciens ouvrages d'histoire naturelle, n'apprendront pas sans étonnement que ces expériences paraissent prouver que le diamant n'est que du charbon pur (*carbone* des chimistes).

Au-dessous des cristaux naturels de cette substance, on en a placé qui présentent différens modèles des tailles que les diamantaires et les lapidaires exécutent, et des échantillons de diamans de diverses couleurs; mais c'est principalement des lieux où on le trouve et de l'état dans lequel il se rencontre dans le sein de la terre, que l'on aime à s'instruire. Les diamans, ainsi que la plupart des pierres précieuses, nous viennent des contrées les plus chaudes, principalement des Indes et du Brésil; mais ces derniers, découverts depuis environ quatre-vingts ans, sont moins estimés, et sont généralement moins gros que ceux d'Asie: ceux-ci se trouvent soit dans le royaume de Pégu et de Siam, soit dans ceux de Golconde et de Visapour; Golconde sur-tout est célèbre par ses mines, dont la richesse a passé en proverbe.

Les diamans ne sont pas placés à une grande profondeur dans la terre. Il y en a une mine fort riche dont le terrain rocailleux et sablonneux est, dit-on, assez semblable à celui des environs de Fontainebleau.

L'*anthracite* [1] nous arrêtera peu,

---

[1] Lorsque j'ai adopté pour la visite des différentes parties du Muséum l'ordre qui m'a paru le mieux s'accorder avec le local et l'arrangement des objets dans les galeries, et aussi avec les principales divisions méthodiques, j'ai cru devoir m'abstenir de toute observation sur les parties de ces méthodes qui ne s'accordent pas entièrement avec mes idées, bien persuadé que ces observations ne seraient d'aucun intérêt pour les lecteurs auxquels ce petit itinéraire est destiné ; cependant les classifications méthodiques adoptées dans cet établissement par des hommes justement célèbres n'étant peut-être pas exemptes de toute erreur, et, en fussent-elles exemptes, n'étant pas pour cela à l'abri des observations contradictoires, on conçoit que mon silence à cet égard ne devra pas m'être opposé par la suite si je publie des ouvrages où je croirai utile de placer ces

parce que sa combustion étant difficile, cette substance n'offre aucune utilité. Il n'en est pas de même du BITUME, qui se présente sous plusieurs formes.

L'*asphalte*, le *pissaphalte*, ne sont que des bitumes solides et liquides : le premier, nommé aussi *bitume de Judée*, se trouve sur la mer Morte ; le second suinte à travers les fentes des rochers voisins des volcans. On désigne également le bitume *liquide* sous le nom de *pétrole, huile de pétrole*, parce qu'il s'enflamme facilement, et sert d'huile de lampe dans quelques con-

---

observations : cette déclaration s'applique également à l'ordre que j'ai adopté dans les Promenades du second volume ; et , si l'on me demande pourquoi je place cette note au mot *anthracite* plutôt qu'ailleurs, je répondrai franchement que , d'après ma manière de considérer cette substance, elle ne devrait point se trouver avec les *combustibles simples ;* ce qui, au surplus, ne veut pas dire que j'aie raison.

trées. En Perse, où il y a un grand nombre de puits de pétrole, on l'emploie pour noircir les cuirs, et même pour se chauffer, en le mélant à de la terre : lorsqu'il n'est que *glutineux*, il sert aux mêmes usages que le goudron.

La HOUILLE, appelée plus communément *charbon de terre*, *charbon de pierre*, est une des substances les plus précieuses. Les naturalistes ne s'accordent pas sur sa formation ; mais l'opinion la plus générale maintenant est que ces vastes dépôts, que l'on exploite sous le nom de *houillères* ou *mines de charbon*, sont dus aux eaux de la mer qui ont autrefois couvert les diverses parties de la terre où cette substance est si abondante. La France seule exploite trois ou quatre cents de ces mines ; celles d'Angleterre font la principale et la plus solide richesse de ce pays, puisque c'est par elles que son industrie est alimentée.

Le JAYET, plus communément appelé *jais*, est d'un noir plus vif, plus brillant, et a généralement plus de dureté que la houille : on en fait des bijoux de deuil, et on l'imite assez bien avec de l'émail ou du verre noir.

Le SUCCIN se trouve, dans plusieurs parties de l'Europe, enfoui dans la terre en morceaux de différentes grosseurs, dont les formes sont variées : dans le commerce on le nomme *karabé* et *ambre jaune* : les curieux recherchent les morceaux semblables à ceux que l'on a placés ici, et dans l'intérieur desquels il y a des insectes.

Cette substance, se travaillant assez facilement, ainsi qu'on le voit par la petite maisonnette placée à une tablette du bas, on en fait des bijoux, et surtout des colliers qui avaient du prix avant la découverte des pierres précieuses.

La MELLITE, ou *pierre de miel*, est une substance découverte depuis quelques années en Allemagne, et dont on ne retire encore aucun avantage.

C'est à l'armoire suivante que commencent les MÉTAUX.

Il est inutile de s'appesantir sur leur utilité; elle est sentie de tout le monde : la plupart des arts les emploient; et l'on sait que les peuples d'Europe ont poussé leur avidité pour quelques-uns au point d'anéantir un peuple qui n'a dû son malheur qu'aux mines précieuses que sa terre natale recelait. Mais laissons là l'histoire de nos vices et de nos crimes, pour nous occuper des richesses naturelles qui sans doute nous furent offertes pour un plus digne usage.

Les métaux ne se présentent ici qu'avec les formes qu'ils ont dans le sein de la terre, ou à sa surface, presque toujours mélangés avec d'autres substances qui font varier leurs couleurs et leurs propriétés.

Les dénominations portées sur les étiquettes indiquent ces diverses combinaisons ; et, pour les embrasser d'un seul coup d'œil, sans avoir besoin de revenir sur chaque espèce ou variété, nous indiquerons en peu de mots leurs significations. Le mot que l'on retrouve le plus souvent est celui de *sulfuré*, qui indique assez clairement la combinaison du soufre avec le métal. Le fer et le cuivre, dans cet état, se désignent vulgairement par les noms de *pyrite martiale* et *pyrite de cuivre*, ou *cuivreuse* ; le mot *sulfaté* indique la combinaison de l'acide sufurique (autrefois huile de *vitriol*) avec un métal ; aussi nomme-t-on encore dans le commerce *vitriol bleu* ou de *cuivre*, *vitriol vert* ou de *fer*, le cuivre et le fer sulfatés. Quant à la dénomination *d'oxidé*, aussi souvent répétée, elle indique ce qu'on nommait autrefois une *chaux métallique* ; par exemple, la rouille de fer est du fer oxidé, et le vert-de-gris, du cuivre oxidé vert : celle de *carbonaté* désigne la combinaison du métal et de *l'acide carbonique* (qui avait autrefois une foule de noms assez ridicules, entre autres celui d'acide méphitique). Les autres dénominations sont plus significatives, puisqu'elles ne sont que le nom d'un des métaux que nous allons parcourir joint à celui du métal qui domine dans le *minérai* ou la *mine;* car on donne ce dernier nom, soit au métal, tel qu'on le trouve dans le sein de la terre, soit au lieu même d'où on le retire.

Les propriétés et les usages de la plupart des métaux, étant généralement connus, nous en parlerons succinctement; mais ce qui arrête et étonne principalement les amateurs, c'est cette diversité d'aspects sous lesquels ils s'offrent dans le sein de la terre, et qui fait que les mines du métal que son inaltérabilité et son poids ont fait placer à la tête de tous les autres (le *platine*), seraient certainement dédaignées pour des pyrites de cuivre ou de fer, parce que celles-ci sont en effet plus brillantes même que les mines d'or et d'argent.

Le PLATINE, placé dans cette première armoire, n'est connu en France que depuis environ cinquante ans : on le désignait autrefois sous la dénomination *d'or blanc*, et le nom espagnol qu'on lui a conservé veut encore dire *petit argent :* quoi qu'il en soit, c'est un métal qui n'a d'autre rapport avec ce dernier que sa couleur. On ne l'a encore trouvé que dans les mines d'où l'on retire l'or en Amérique, et il s'y trouve sous la forme de paillettes ou de petits grains semblables à ceux que nous avons sous les yeux. Comme il ne s'obtient pur et ne se travaille qu'avec une extrême difficulté, et que d'ailleurs il n'a point d'éclat, il n'a été employé, jusqu'à ce jour, qu'à des instrumens propres à des expériences de physique et de chimie.

L'or est sans contredit le plus beau des métaux : sa qualité la plus précieuse est cette grande ductilité qui le rend propre à recouvrir des substances assez communes , et à leur donner ainsi une partie de son éclat. Cette ductilité ou propriété de s'étendre est telle, qu'un seul grain d'or (53 $^{m.gm.}$) peut se tirer en un fil de 500 pieds (161 $^{mét.}$ 3), et que la même quantité peut couvrir une surface de plus de 1350 pouces carrés (9855 $^{cent.m.}$). On ne sera donc pas surpris que les objets dorés soient à un prix si modéré , puisque ce métal, quoique fort cher, y entre en très-petite quantité. Les galons qu'on appelle *galons d'or*, quoiqu'ils ne soient composés que d'un fil d'argent doré , offrent un exemple de l'extrême divisibilité dont ce métal est susceptible , puisqu'un gros (3 $^{gram.}$ 3) suffit pour dorer un fil d'argent de plus de 55 lieues (28 $^{myriam.}$ 5).

Ce qu'on appelle généralement *or
natif*, n'est pas de l'or absolument pur ;
car, si cela était, les échantillons d'or
natif de chaque pays ne se distingue-
raient pas aussi facilement les uns des
autres à la couleur. Une observation
qui paraîtra assez singulière, c'est que
l'or est vraisemblablement, après le
fer, le métal le plus répandu dans les
diverses parties de la terre : il est en
effet mêlé à un grand nombre d'autres
mines ; et on le trouve, soit en France,
soit dans d'autres contrées, mêlé au
sable des grandes rivières ; quelquefois
on se donne la peine de l'en retirer ; et
je me rappelle que, dans ma jeunesse,
des Génois venaient tous les ans, dans
la belle saison, laver le sable d'un de
nos grands fleuves de France ; mais
c'est principalement dans quelques contrées de l'Afrique que le sable rend
jusqu'à 2 onces par cent livres (6 $^{\text{décag.}}$ 1,
par 49 $^{\text{kilog.}}$ 2), tandis que le même
poids en sable des plus riches de nos

rivières rend rarement 24 grains, ou la 48e partie de celui d'Afrique.

Les mines du Pérou, du Mexique, et même celles de Transylvanie, ont trop de réputation, pour qu'il soit nécessaire d'en faire mention ici.

L'ARGENT se présente dans les mines sous des couleurs beaucoup plus variées que l'or, et il les doit à ses différentes combinaisons : à l'état de métal pur, sa ductilité est presque aussi grande que celle de l'or.

Quoique l'argent ne paraisse pas aussi disséminé dans la nature que l'or, il est certain qu'on en retire davantage des mines proprement dites ; mais, dans la plupart, il est en si petite quantité, qu'elles portent le nom du métal qui domine, et alors on dit que ces mines sont argentifères.

On a remarqué que les mines d'or les plus riches se trouvent dans la Zone Torride ; au lieu que celles d'argent, répandues dans presque toutes les contrées de la terre, sont généralement plus abondantes dans des régions froides et élevées ; car les mines du Mexique et du Pérou, qui en ont produit le plus, sont situées au centre des cordilières du Nouveau Monde.

On a beaucoup parlé des fameuses mines du Potosi, les plus riches du Pérou : si ce que rapportent quelques auteurs espagnols est exact, elles méritent leur haute réputation, puisque, dans les cent premières années de leur exploitation, on en a retiré plus de cinquante millions de marcs d'argent.

Le MERCURE ne s'offre ici que sous trois aspects. Lorsqu'il se présente natif, dans les climats tempérés, il est impossible de ne pas le distinguer de tous les autres métaux, puisqu'alors il est toujours liquide, et dans l'état qui lui a valu le nom de *vif-argent* : dans les pays très-froids, il devient solide ; et l'on est même parvenu, en France, au moyen d'un appareil fort simple, à le congeler.

Le mercure se trouve rarement pur et coulant : c'est ordinairement en *cinabre* ou *mercure sulfuré* qu'on le retire des mines ; mais alors il est ordinairement mêlé à d'autres substances terreuses. Les plus belles mines de mercure se trouvent en Espagne, en Carniole, près de Deux-Ponts et au Pérou : il paraît que la plus ancienne est celle qui tient à la Montagne Noire, à quinze lieues de Séville, dans un lieu nommé Almaden : on prétend qu'elle est exploitée depuis plus de vingt-trois siècles.

On fait du *cinabre artificiel* en mêlant et combinant ensemble du mercure et environ un huitième de soufre. Le *vermillon* que les peintres emploient, et dont on se sert aussi en médecine, n'est que du cinabre en poudre ; mais ce qui occasionne une grande consommation de mercure, c'est l'emploi que l'on en fait en l'amalgamant avec l'or, lorsqu'on dore ou qu'on argente : c'est au moyen de cet *amalgame* que l'on fixe l'or ou l'argent sur les autres métaux, en faisant évaporer le mercure par le feu : c'est aussi cette propriété qu'il a de s'unir à ces deux métaux qui le rend extrêmement précieux pour les extraire des substances avec lesquelles ils sont mêlés.

Le *tain* des glaces n'est autre chose qu'une feuille mince d'étain appliquée sur le verre par l'intermède du mercure. On compose, avec ce dernier métal, une poudre qui détonne avec beaucoup plus de violence que la poudre à canon.

Le *précipité*, l'*éthiops minéral*, le *sublimé corrosif*, sont diverses préparations faites avec ce métal.

Le PLOMB est un des métaux qui, dans ses mines, se présente sous les couleurs et les formes les plus variées, on peut même dire les plus agréables ;

mais c'est principalement à l'état de plomb *sulfuré* en cristaux, qui ont la forme de cubes (celle d'un dé à jouer) qu'on le trouve en masses considérables : c'est là ce qu'on appelle la *galène*. Plusieurs des mines d'Europe, que l'on' désigne sous le nom de mines d'argent, peuvent être considérées comme des mines de plomb, puisqu'elles contiennent rarement plus d'une partie d'argent sur cent de ce dernier métal : mais là, comme dans le monde, la substance la plus brillante passe avant la plus utile.

Les usages les plus habituels du plomb sont assez connus ; mais quelques personnes ignorent que le *blanc de plomb* ou *blanc de céruse*, la *litharge*, le *massicot* et le *minium*, employés dans plusieurs arts utiles, et principalement dans la peinture, ne sont que des oxides ou chaux de plomb, auxquels la fabrication seule donne les diverses couleurs qui les distinguent, et qui font, à quelques égards, varier leurs propriétés.

Après avoir jeté un coup d'œil sur les échantillons de mines de NICKEL, que nous ne remarquerons que parce que ce métal, qui n'est d'aucun usage dans les arts, se rencontre dans ces pierres fameuses tombées de l'atmosphère, nous nous arrêterons à cette collection de mines de CUIVRE, qui présente des variétés de couleurs extrêmement agréables.

De ce nombre sont les *pyrites* de cuivre ou cuivre *pyriteux*, le *muriaté* (c'est-à-dire, le cuivre combiné avec l'acide que l'on retire du sel,) le *carbonaté bleu*, et sur-tout le *carbonaté vert* : c'est cette dernière mine, plus connue sous le nom de *malachite*, que l'on polit, et dont on fait des bijoux. Il paraît que les *turquoises*, que l'on monte en bagues, ne sont que des os fossiles colorés de même par le cuivre.

Le cuivre, à l'état métallique, se

tire en fils très-déliés, ou s'étend en feuilles très-minces; aussi l'emploie-t-on pour les fausses dorures, les galons faux, etc. Ses alliages avec le zinc, métal que nous verrons bientôt, font varier ses couleurs, et prennent les noms d'*or de Manheim*, *similor* ou *tombac :* c'est la matière des bijoux appelés vulgairement *or faux.*

L'airain et le *bronze* sont aussi des alliages de cuivre; et, si ce métal est dangereux par la facilité avec laquelle il s'oxide ou se couvre de vert-de-gris, la faculté qu'on a de couvrir intérieurement d'une très-légère couche d'étain, c'est-à-dire d'*étamer* les vases de cuisine, le rend d'une utilité habituelle, mais qui ne peut entrer en comparaison avec celle qu'offre cet autre métal si commun, si dédaigné, mais si répandu dans toutes les parties de la terre, avec le FER, enfin, le plus précieux des métaux, si l'on accorde ce titre au plus utile.

Le fer, que nous ne voyons guère dans

nos villes que dans son état métallique,
et exposé à l'air qui le ternit facilement;
le fer se présente dans ses mines sous
des couleurs variées, et quelquefois avec
un éclat qui ne le cède à celui d'aucun
autre métal.

Dans le grand nombre d'échantillons qui garnissent ces trois armoires,
et qui le présentent dans les diverses
combinaisons qu'il éprouve dans le sein
de la terre, nous remarquerons ceux de
fer *oligiste* que l'on a placés les premiers,
parce que, suivant le sens de cette dénomination, le fer, dans cette espèce de
mine, n'est que fort peu à l'état métallique : les plus belles variétés que l'on
remarque ici, viennent de l'île d'Elbe
et de Framont; on les nomme aussi dans
les cabinets mines de fer *spéculaire*,
par l'analogie qu'il y a entre ses lames
naturellement polies et brillantes, et
de petits miroirs : mais les plus beaux
échantillons de cette collection sont
ceux de mines de fer *surfuré*, mieux

connues sous le nom de *pyrites mar-tiales* ; c'est parmi celles - ci que l'on prenait autrefois des morceaux de choix pour les tailler et les monter en bijoux sous le nom de *marcassites*.

L'aimant est une mine de fer peu oxidée ; enfin, outre les usages bien con-nus du fer, et sa conversion en *acier* qui s'opère en le chauffant dans des boîtes avec des matières charbonneuses, tout le monde connaît sa combinaison naturelle avec une grande quantité de charbon, qui est la *mine de plomb* et la *plombagine*, dont on fait les crayons, dénominations absurdes qu'on a rem-placées avec raison par celle de *carbure de fer*; enfin l'*émeril* n'est qu'un oxide de fer mêlé à du quartz (ou fer oxidé quartzifère).

Les usages de l'ÉTAIN, dont on ob-serve ici de beaux morceaux de mi-nérai, sont bien connus, et l'on remar-quera sans doute qu'il est loin d'avoir dans ses mines l'aspect qu'il offre lorsqu'on l'a fondu et purifié : malheureusement ce métal, infiniment préférable au plomb pour les usages domestiques, est fort rare. Les mines de la province de Cornouailles, qui étaient célèbres dès les temps les plus reculés, sont encore celles qui fournissent le plus d'étain au commerce.

Le ZINC est peu connu des gens du monde, parce que ce métal ne s'emploie guère qu'à des alliages que nous avons fait connaître en traitant du cuivre. Il y a en France plusieurs mines de *zinc oxidé*, qu'on appelle plus ordinairement *calamine*, et aussi *pierre calaminaire*, parce que le métal y est mélangé avec des substances terreuses ; la plus considérable et la plus anciennement exploitée est celle d'Aix-la-Chapelle.

La limaille de zinc est d'un grand usage dans les feux d'artifices, parce qu'elle donne des étoiles blanches et brillantes.

Le **bismuth** est rarement employé seul ; mais, comme sa fusibilité est fort grande, il la communique à d'autres métaux, et cet alliage leur donne plus de dureté.

Le contact du gaz hydrogène (air inflammable) noircissant facilement la chaux, ou oxide de bismuth, et cet oxide entrant dans la composition du *blanc de fard*, c'est à cette fâcheuse propriété que les femmes qui en font usage doivent le changement désagréable que leur teint éprouve dans les salles où la réunion d'un grand nombre d'invidus cause des émanations qui vicient l'air.

Le **cobalt** (à l'armoire suivante) ne s'emploie guère que pour colorer le verre en bleu et pour peindre sur l'émail, la porcelaine ou la faience ; on ne le trouve jamais pur dans la nature, et ce n'est pas non plus dans l'état de pureté, mais d'oxide, qu'il est employé : dans cet état, on lui donne assez généralement le nom de *safre* : celui-ci fondu avec de la potasse fournit le *smalt* qui, après avoir été pulvérisé et lavé, est le *bleu-d'azur* employé dans les papeteries, les blanchisseries, et qui se vend aussi sous le nom de *bleu d'empois*.

L'ARSENIC est connu depuis long-temps comme un poison actif, et c'est assez ordinairement dans son état de pureté, c'est-à-dire d'arsenic *natif*, qu'il se vend sous le nom de *poudre pour tuer les mouches*. L'arsenic *oxidé blanc* employé dans quelques compositions est celui dont la vente n'est permise qu'avec restriction, parce qu'avec le prétexte de l'employer pour détruire les rats il peut servir le crime et le désespoir. Cependant la poudre aux mouches étant aussi un poison pour les animaux, on pensera sans doute que la vente devrait en être défendue avec d'autant plus de raison, que les vases dans lesquels on la délaie se trouvent dans toutes les maisons à la portée des enfans,

et souvent dans le voisinage des ali-
mens.

Le MANGANÈSE est un métal qui n'est
guère connu que dans les verreries et
dans les laboratoires de chimie ; il n'en
est pas de même de l'ANTIMOINE dont
on a placé dans l'armoire suivante des
échantillons qui indiquent ses diverses
combinaisons naturelles. Est - il bien
avéré qu'un moine allemand ait empoi-
sonné toute sa communauté en voulant
éprouver l'effet de ce métal comme purgatif, effet qu'il avait auparavant remarqué sur des cochons ? voilà ce dont je ne
répondrai pas, et c'est cependant cette
anecdote qui lui a valu le nom qu'il
porte encore.

Quoi qu'il en soit, la médecine fait
usage de l'antimoine , en modifiant ses
effets par diverses préparations, dont
l'*émétique* est la plus connue.

On mêle quelquefois ce métal à d'autres pour les rendre plus sonores et sur-
tout pour leur donner plus de dureté ;

mais ce qui le rend l'objet d'un commerce considérable, c'est qu'on l'emploie dans l'alliage avec lequel on fait les caractères d'imprimerie.

L'urane, le molybdène, le titane, le schéelin, le tellure et le chrome, qui garnissent le reste de cette armoire et les deux suivantes, sont des métaux qui, pour la plupart, nouvellement découverts, ne sont point encore employés dans les arts.

Les tablettes du milieu de la dernière armoire de ce côté arrêteront sans doute quelque temps les curieux, moins par l'éclat des pierres qu'elles renferment que par les conjectures auxquelles elles donnent lieu : ces *pierres, tombées de l'atmosphère*, occupent non seulement les physiciens, les naturalistes, mais encore une foule d'hommes qui n'ont pas la plus légère connaissance des sciences physiques ; et, comme on le pense bien, ceux-ci ne sont pas les derniers à émettre une opinion décisive.

Malheureusement, les savans entrainés,
soit par l'exemple, soit par l'impatience
de la multitude, se hâtent aussi de bâtir
leurs systêmes. Je me garderai bien de
copier les journaux, où chaque obser-
vateur a déposé modestement son ul-
timatum sur la cause nécessaire du
phénomène. Qui sait, d'ailleurs, si
celle de ces opinions, dont on se mo-
que le plus aujourd'hui, n'est pas la
plus voisine de l'explication positive?
Imitons donc ces hommes, plus rai-
sonnables sans doute, qui, se rappelant
qu'il s'est écoulé plus de vingt siècles
entre la découverte de la propriété que
le succin a d'attirer les corps légers, et
celle de l'identité qui existe entre la matière de la foudre, et ce qu'on nomme
le fluide électrique, pensent qu'avant
de décider irrévocablement d'où nous
viennent les pierres tombées du ciel,
on peut bien se donner la peine de
rassembler encore quelques observations, et qu'il ne s'agit point ici d'un

prix académique à remporter à terme
fixe.

———

TRAVERSONS maintenant la galerie
des pierres, et terminons la visite des salles de cet étage par celle des FOSSILES. [1]
Il n'y a pas long-temps encore, on
étendait cette dénomination de fossiles
à tous les corps privés d'organisation
qui se trouvent à la surface ou dans le
sein de la terre ; ainsi, les pierres,
les métaux étaient des fossiles ; aujour-
d'hui on l'a restreinte, et l'on ne la donne plus qu'aux débris ou empreintes
des corps organisés, qui, malgré leur
long séjour sous les eaux ou dans le
sein de la terre, ont conservé des formes
qui les rendent reconnaissables ; ainsi,
il y a des coquilles, des bois, des os
fossiles.
Les personnes qui se livrent à des

———

[1] Cette salle est la première en entrant par
la porte qui donne sur le grand escalier.

études méthodiques n'observent ordinairement les fossiles qu'à la suite des
animaux, parce qu'alors seulement
elles peuvent découvrir dans ces ossemens et ces empreintes des caractères qui sont précieux à étudier, soit
en ce qu'ils offrent des débris d'animaux, dont les variétés vivantes sont
rares, soit en ce qu'ils présentent beaucoup de dépouilles d'êtres, dont les
analogues vivans ne se retrouvent plus.

Cette dernière considération suffit
pour faire entrevoir que les fossiles
n'offrent un grand intérêt qu'aux personnes qui ont des connaissances étendues en histoire naturelle : en effet,
l'on conçoit que ces anciens débris,
n'étant, pour la plupart, que des portions d'ossemens ou l'empreinte de ces
parties, il faut nécessairement bien
connaître l'anatomie comparée des animaux pour pouvoir tirer quelque fruit
de cette étude.

Parcourons donc rapidement cette

salle, en commençant par les armoires placées à notre droite en entrant, et ne nous arrêtons qu'aux objets qui sont d'un intérêt général.

Après avoir passé devant plusieurs pierres portant des empreintes de poissons, et remarqué, dans la grande armoire du coin, des coquilles fossiles, dont la plupart des analogues ne se retrouvent plus dans les mers que les voyageurs ont visitées, on sera sans doute saisi d'étonnement à la vue de ces dents fossiles, parmi lesquelles on en remarque deux énormes : celle que l'étiquette annonce avoir été trouvée sur les bords l'Ohio a appartenu à un animal que plusieurs naturalistes nomment *mammouth*, lequel ressemble, à beaucoup d'égards, à l'éléphant, et qu'on désigne aussi sous le nom d'*animal de l'Ohio*. Il parait que cette espèce d'éléphant, qu'on ne retrouve plus vivante, était d'un tiers plus grande que celle que nous connaissons.

On ne retrouve pas non plus d'éléphant vivant qui ait des défenses aussi grandes que celles dont on a placé ici des débris, et dont les plus gros morceaux ont été trouvés aux environs de Rome. Il paraît que c'est à la découverte des ossemens de ces grands quadrupèdes ou de semblables, que l'on voit en très-grande quantité en Sibérie et ailleurs, que l'on doit la fable de l'ancienne existence d'un peuple de géans, qui n'est plus admissible que dans les contes des fées.

Au surplus, ces ossemens singuliers d'animaux dont les espèces n'existent plus, du moins dans les contrées où nous avons pu aborder, ne se trouvent pas seulement dans des pays très-éloignés de nous; on en rencontre aussi en assez grand nombre dans diverses parties de la France.

On verra sans doute avec le même intérêt ces énormes *os maxillaires* fossiles trouvés dans les carrières de Maëstricht : ces carrières, devenues célèbres par ces débris, contiennent aussi des dépouilles de tortues : ces os de mâchoires ont appartenu à des animaux du genre des lézards, c'est - à - dire à une espèce de crocodile qui, d'après les proportions de ces parties, devait avoir trente à trente-cinq pieds de long (environ 10 mèt. 5.)

Quelques morceaux de cette collection offrent des pierres portant des empreintes de plantes ; mais la plus grande partie de celles qui garnissent cette salle, et qui proviennent d'acquisitions faites en Italie, portent des empreintes de poissons : elles ont été trouvées, ainsi qu'on le voit sur les étiquettes, dans le Véronais, à Vestena Nuova, dans un lieu appelé le Mont Bolca, et sont d'un grand prix pour les personnes qui étudient cette classe d'animaux. Plusieurs de ces poissons, si communs autrefois aux environs de Vérone, ne se retrouvent plus maintenant que sur les côtes de la Chine.

Cette petite salle, peu curieuse pour l'homme du monde, est cependant celle qui peut faire naître le plus de réflexions, quelquefois sublimes, souvent bizarres, sur l'antiquité de la terre et les changemens extraordinaires qu'elle a éprouvés.

Nous venons de terminer la visite des galeries du premier étage. [1] Si, dans

---

[1] Au moment où l'on termine l'impression de cette Promenade, on annonce, comme devant paraître très-incessamment, « un Tableau méthodique des espèces minérales, offrant l'indication de leurs caractères et la nomenclature de leurs variétés, extrait du Traité de minéralogie du citoyen Haüy, » lequel est précédé d'une Exposition abrégée de la méthode de ce professeur et de son application au classement des minéraux de cette collection, avec la description des morceaux les plus remarquables, 1 vol. in-8°, « par J. A. H. Lucas, adjoint au citoyen Lucas

le nombre des personnes qui ont bien voulu nous accompagner dans cette Promenade, il s'en trouve qui regrettent qu'on ait omis beaucoup de détails et passé rapidement sur un plus grand nombre, nous leur dirons qu'obligés de nous conformer au goût le plus général, et de ne donner à chaque Promenade que le temps qu'on y consacre habituellement, leur guide a éprouvé plus d'une fois qu'il était peut - être plus difficile, dans de semblables des-

---

père, garde des galeries du Muséum.... »

Il suffit que ce livre ait eu l'approbation de l'assemblée administrative des professeurs, pour que je l'indique avec confiance aux personnes qui, en visitant les galeries des minéraux, desirent les observer méthodiquement, et même se livrer à des études approfondies : quant à celles qui suivent le cours de minéralogie du Muséum, elles sentiront, sans que j'aie besoin de le leur faire observer, tout ce que l'ouvrage de M. Lucas fils leur offre de ressources.

criptions, d'être avare que prodigue; car, pour avoir le courage de se borner, il faut avoir celui de faire le sacrifice de tout amour propre..... et celui-là est le plus grand de tous pour un homme de lettres.

FIN DU TOME PREMIER.

TABLE ALPHABÉTIQUE

Des Noms des animaux, des végétaux, des minéraux, etc. décrits dans ce volume, ainsi que des Mots dont on a donné l'explication.

FIN DE LA TABLE DU TOME PREMIER.

Fautes à corriger dans ce volume.

Pag 18, lig. 3, dans la IVe Promenade, *lisez* après la dernière Promenade. — Pag. 23, lig. 7, à droite, *lisez* à gauche. — Pag. 26, lig. 11, avoir, *lisez* voir. — Pag. 29, ligne dernière, abricotier, *lisez* abricot. — Pag. 82, lig. 22, l'hiver, *lisez* l'été. — Pag. 107, lig. 22, les leur, *lisez* le leur. — Pag. 112, après le mot tableau, *ajoutez* sur lequel on a peint un bel oiseau de son espèce. — Pag. 131, lig. 10, *effacez* un instant. — Pag. 143, lig. 12, lui, *lisez* leur. — Pag. 149, lig. 2, faisant, *lisez* faisaient. — Pag. 178, lig. 20, le, *lisez* un. — Pag. 196, lig. 3, *après* habitans, *lisez* de. — Pag. 207, lig. 22, trois, *lisez* deux. — Pag. 214, lig. 1, poil, *lisez* poli.

LE GRAND ŒUVRE

DE

L'AGRICULTURE,

OU

L'ART

DE RÉGÉNÉRER LES SURFACES

ET LES TRÈS-FONDS;

Accompagné de découvertes intéressantes sur l'Agriculture & la Guerre ;

PRÉSENTÉ au Roi & à la Famille Royale.

PAR M. MONTAGNE, Marquis de PONCINS, ancien Officier aux Gardes Françoises.

Et renovabis faciem terræ.
Pf. 103, ℣. 32.

A LYON,

Chez FAUCHEUX, quai des Célestins.

A PARIS,

Chez Veuve DUCHESNE, rue St. Jacques.

M. DCC. LXXIX.

Avec Approbation & Privilege du Roi.